Bohner | Ott | Deusch

Mathematik

Beschreibung von Austausch- und Populationsprozessen durch Matrizen

Berufliches Gymnasium
Baden-Württemberg

Bohner | Ott | Deusch

Mathematik

Beschreibung von Austausch- und Populationsprozessen durch Matrizen

Berufliches Gymnasium

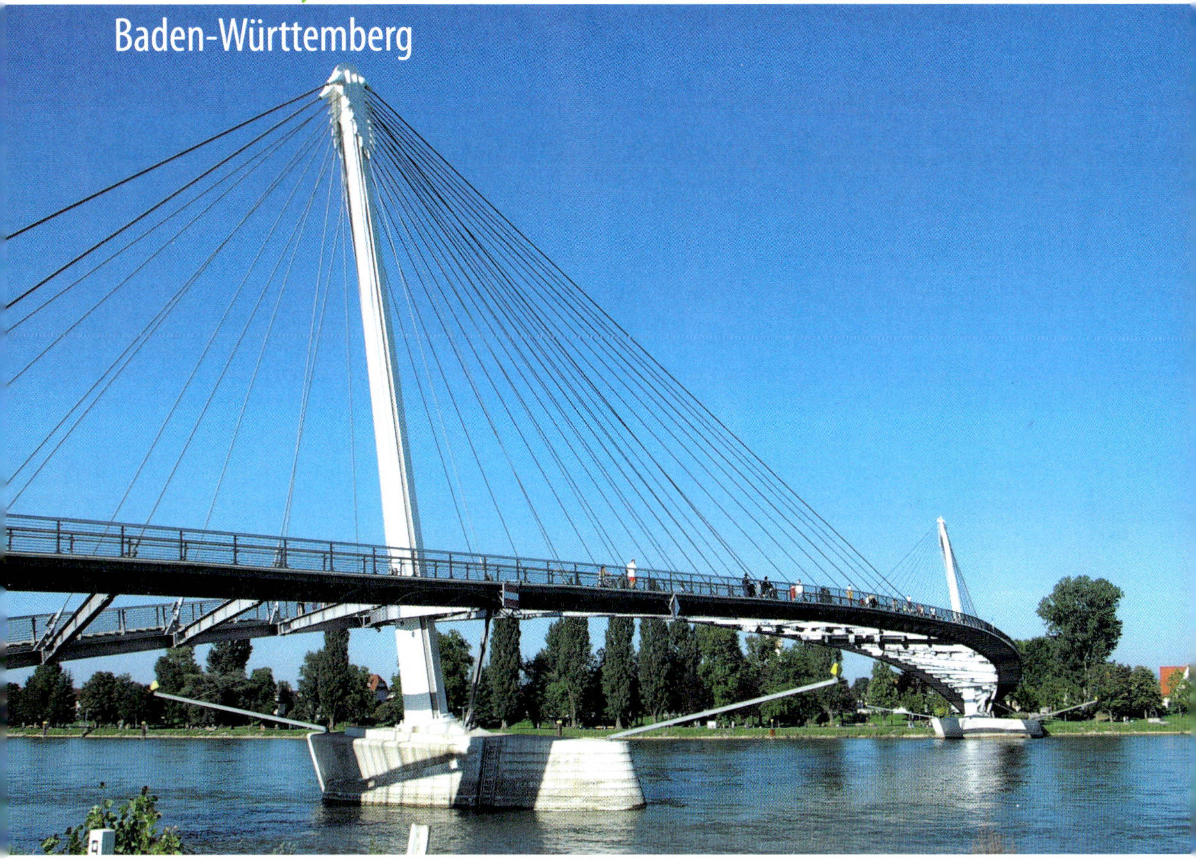

Baden-Württemberg

Wirtschaftswissenschaftliche Bücherei für Schule und Praxis
Begründet von Handelsschul-Direktor Dipl.-Hdl. Friedrich Hutkap †

Die Verfasser:

Roland Ott
Studium der Mathematik an der Universität Tübingen

Kurt Bohner
Lehrauftrag Mathematik am BSW Wangen
Studium der Mathematik und Physik an der Universität Konstanz

Ronald Deusch
Studium der Mathematik an der Universität Tübingen

* * * * * * * * *

1. Auflage 2022

Gesamtherstellung: MERKUR VERLAG RINTELN Hutkap GmbH & Co. KG, 31735 Rinteln
E-Mail: info@merkur-verlag.de; lehrer-service@merkur-verlag.de
Internet: www.merkur-verlag.de

Merkur-Nr. 0679-01
ISBN 978-3-8120-0679-8

Vorwort

Der vorliegende Band ist ein Lehr- und Arbeitsbuch zum Thema „Beschreibung von Austausch- und Populationsprozessen durch Matrizen" für die beruflichen Gymnasien AG, BTG, EG, SGG.
Es richtet sich exakt nach dem aktuellen Bildungsplan von 2021 für die beruflichen Gymnasien (eA) in Baden-Württemberg.

Dabei berücksichtigt das Autorenteam sowohl die im Lehrplan geforderten inhalts- als auch die prozessbezogenen Kompetenzen (modellieren, Werkzeuge und mathematische Darstellungen nutzen, kommunizieren, innermathematische Probleme lösen, Umgang mit formalen und symbolischen Elementen, argumentieren).

Von den Autoren wurde bewusst darauf geachtet, dass die im Bildungsplan aufgeführten Kompetenzen und Zielformulierungen inhaltlich vollständig und umfassend thematisiert werden. Dabei bleibt den Lehrkräften genügend didaktischer Freiraum, eigene Schwerpunkte zu setzen.

Hinweise und Anregungen, die zur Verbesserung beitragen, werden dankbar aufgegriffen.

Die Verfasser

Inhaltsverzeichnis

Beschreibung von Austausch- und Populationsprozessen durch Matrizen

In diesem Kapitel werden Austausch- und Populationsprozesse mithilfe von Übergangsmatrizen beschrieben. In einem Austausch- bzw. Populationsprozess, z. B. bei Insekten ändert sich ein bestehender Zustand (Eier, Larve, Insekt). In der Marktforschung z. B. bedient man sich solcher Matrizen, um aus erfassten Daten Schlüsse für das weitere Verhalten der Kunden (Markentreue, Markenwechsel) zu ziehen.

Qualifikationen & Kompetenzen

- Informationen in Matrixform bringen und als Diagramm darstellen
- Stochastische und zyklische Prozesse veranschaulichen, beschreiben und interpretieren
- Verteilungen berechnen
- Eine stabile Verteilung ermitteln

Beispiel 1

Stochastische Prozesse
In Wangen gibt es zwei Supermärkte S_1 und S_2.
Eine Marktforschung ermittelt eine wöchentliche Kundenwanderung.

Übergangsgraph

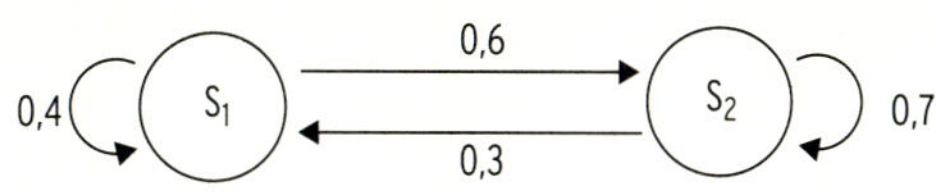

Eine Tabelle liefert eine übersichtliche Darstellung.

Übergangstabelle

von / zu	S_1	S_2
S_1	0,4	0,3
S_2	0,6	0,7

Die Matrix beschreibt das Kaufverhalten.

Übergangsmatrix

$$A = \begin{pmatrix} 0{,}4 & 0{,}3 \\ 0{,}6 & 0{,}7 \end{pmatrix}$$

Beispiel 2

Zyklische Prozesse
Bei einer Insektenart vollzieht sich die Entwicklung in einem 3-monatigen Zyklus (Eier, Larve, Insekt).

Entwicklungsdiagramm

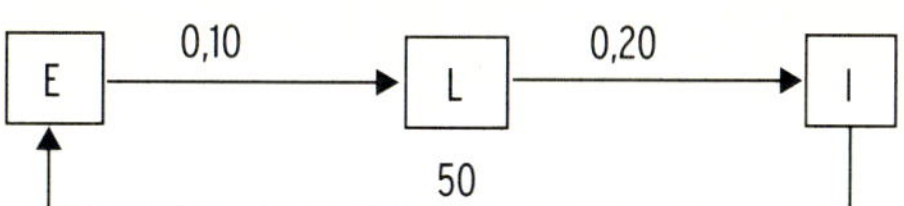

Übergangsverhalten in Tabellenform:

Tabelle

von / zu	E	L	I
E	0	0	50
L	0,10	0	0
I	0	0,20	0

Übergangsverhalten in Matrixform:

Übergangsmatrix

$$A = \begin{pmatrix} 0 & 0 & 50 \\ 0{,}10 & 0 & 0 \\ 0 & 0{,}20 & 0 \end{pmatrix}$$

1 Einführung

Beispiel 1

➲ Der Bahnhofskiosk verkauft wöchentlich 75 Exemplare der zwei Nachrichtenmagazine S und F. Die Kunden kaufen wöchentlich ein Magazin. Dabei bleiben 70 % der S-Leser und 80 % der F-Leser ihrem Magazin treu.

a) Zeichnen Sie einen Übergangsgraphen und bestimmen Sie die Übergangsmatrix.

b) Bestimmen Sie die Verkaufszahlen in der folgenden Woche, wenn in der jetzigen Woche 40 S-Magazine und 35 F-Magazine verkauft werden.

Lösung

a) **Übergangsgraph:**

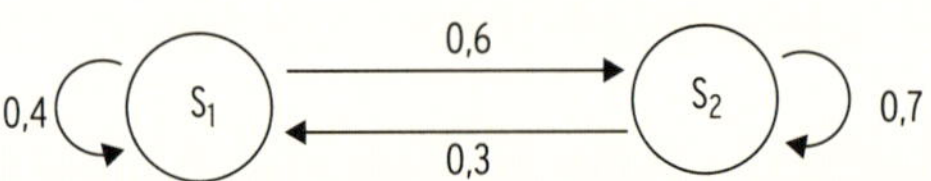

Übergangstabelle:

von / zu	S	F
S	0,7	0,2
F	0,3	0,8

Übergangsmatrix: $A = \begin{pmatrix} 0{,}7 & 0{,}2 \\ 0{,}3 & 0{,}8 \end{pmatrix}$

Hinweis: Ein Leser von Magazin S kauft mit einer Wahrscheinlichkeit von 70 % wieder das Magazin S und mit einer Wahrscheinlichkeit von 30 % das Magazin F.
Ein Leser von Magazin F kauft mit einer Wahrscheinlichkeit von 80 % wieder das Magazin F und mit einer Wahrscheinlichkeit von 20 % das Magazin S.
Übergangsgraph und **Übergangsmatrix** beschreiben den Übergang von einem Zustand in den nächsten.

b) Verkaufszahlen in der folgenden Woche
für das S-Magazin: 70 % von 40 + 20 % von 35 = 35
für das F-Magazin: 30 % von 40 + 80 % von 35 = 40

Kurzform mit Matrizen und Startvektor $\vec{x}_0 = \begin{pmatrix} 40 \\ 35 \end{pmatrix}$: $\begin{pmatrix} 0{,}7 & 0{,}2 \\ 0{,}3 & 0{,}8 \end{pmatrix} \cdot \begin{pmatrix} 40 \\ 35 \end{pmatrix} = \begin{pmatrix} 35 \\ 40 \end{pmatrix} = \vec{x}_1$

In der folgenden Woche Woche werden 35 S-Magazine und 40 F-Magazine verkauft.
Die Verkaufszahl der S-Magazine nimmt ab, die der F-Magazine nimmt zu.
Die Gesamtzahl der verkauften Magazine bleibt bei 75.

Beispiel 2

➲ Bei einer Säugetierart können die jährlichen Änderungen in einer aus drei Alterstufen L1, L2 und L3 bestehenden Population durch die folgende Übergangsmatrix beschrieben werden:

$$A = \begin{pmatrix} 0 & 0 & 8 \\ 0{,}5 & 0 & 0 \\ 0 & 0{,}2 & 0 \end{pmatrix}$$

a) Zeichnen Sie einen Übergangsgraphen und erläutern Sie.

b) Wie entwickelt sich die jetzige Population von 1000 Tieren in L1, 500 Tieren in L2 und 100 Tieren in L3 nach einem Jahr bzw nach zwei Jahren?

Lösung

a) **Übergangstabelle:**

zu \ von	L1	L2	L3
L1	0	0	8
L2	0,5	0	0
L3	0	0,2	0

Übergangsgraph:

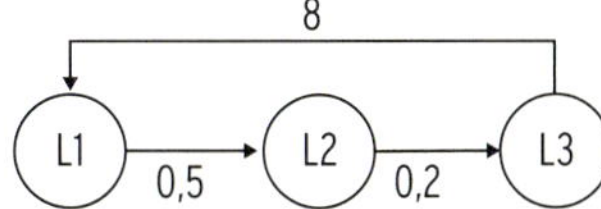

Erläuterung: 50 % der Tiere in L1 kommen in einem Jahr in L2,
20 % der Tiere in L2 kommen in einem Jahr in L3,
jedes Tier in L3 hat 8 Nachkommen.

b) **Population nach einem Jahr:**

Tiere in L1 (Nachkommen von Tieren in L3): 8 · 100 = 800

100 Tiere in L3 haben 800 Nachkommen.

Tiere in L2: 50 % von 1000 = 500

Tiere in L3: 20 % von 500 = 100

Multipliziert man die Übergangsmatrix mit dem Startvektor $\vec{x}_0 = \begin{pmatrix} 1000 \\ 500 \\ 100 \end{pmatrix}$,

so erhält man: $\begin{pmatrix} 0 & 0 & 8 \\ 0{,}5 & 0 & 0 \\ 0 & 0{,}2 & 0 \end{pmatrix} \cdot \begin{pmatrix} 1000 \\ 500 \\ 100 \end{pmatrix} = \begin{pmatrix} 800 \\ 500 \\ 100 \end{pmatrix} = \vec{x}_1$.

Nach einem Jahr sind 800 Tiere in L1, 500 Tiere in L2 und 100 Tiere in L3.

Population nach zwei Jahren:

Multipliziert man die Übergangsmatrix mit dem Verteilungsvektor $\vec{x}_1 = \begin{pmatrix} 800 \\ 500 \\ 100 \end{pmatrix}$,

so erhält man: $\begin{pmatrix} 0 & 0 & 8 \\ 0{,}5 & 0 & 0 \\ 0 & 0{,}2 & 0 \end{pmatrix} \cdot \begin{pmatrix} 800 \\ 500 \\ 100 \end{pmatrix} = \begin{pmatrix} 800 \\ 400 \\ 100 \end{pmatrix} = \vec{x}_2$.

Nach einem Jahr sind 800 Tiere in L1, 400 Tiere in L2 und 100 Tiere in L3.

Hinweis: $\vec{x}_3 = \begin{pmatrix} 800 \\ 400 \\ 80 \end{pmatrix}$ erhärtet die Vermutung, dass die Population ausstirbt.

2 Stochastische Übergangsprozesse

2.1 Stochastische Matrix

Eine **stochastische Matrix** als Übergangsmatrix beschreibt die Wahrscheinlichkeiten, mit denen sich ein bestehender Zustand verändert.
Dadurch lassen sich künftige Entwicklungen vorausberechnen.

Beispiel 1

➲ In einem Zweiparteienstaat mit den Parteien PS und PP haben langfristige Beobachtungen des Verhaltens der Bürger bei einer Wahl ergeben, dass 70 % der Wähler von Partei PS und 80 % der Wähler von Partei PP ihrer Partei treu bleiben. Die Wähler von Partei PS wechseln zu 30 % zur Partei PP, während sich umgekehrt 20 % der Wähler von Partei PP bei der folgenden Wahl für die Partei PS entscheiden.

a) Geben Sie die zugehörige Übergangsmatrix an.

b) Bei der letzten Wahl erhielt die Partei PS 25 % und Partei PP 75 % aller Stimmen. Bestimmen Sie die zu erwartende Stimmenverteilung nach der nächsten und der übernächsten Wahl.

Lösung

a) Übergangsgraph:

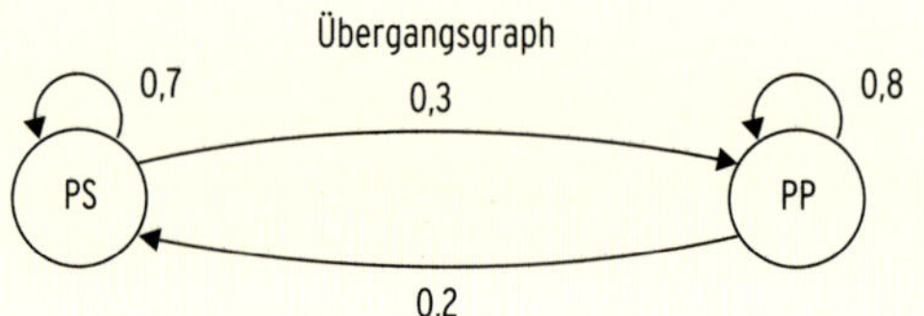

Übergangstabelle:

zu \ von	PS	PP
PS	0,7	0,2
PP	0,3	0,8

0,7; 0,3; ... lassen sich als Wahrscheinlichkeiten interpretieren.

Übergangsmatrix:

$$A = \begin{pmatrix} 0{,}7 & 0{,}2 \\ 0{,}3 & 0{,}8 \end{pmatrix}$$

stochastische Matrix

Hinweis: Die 1. Spalte bedeutet: 70 % der Wähler von PS wählen wieder PS.
30 % der Wähler von PS wechseln zur Partei PP.

Die Elemente der Hauptdiagonalen von A geben die Wahrscheinlichkeit an, dass ein Wähler bei der nächsten Wahl wieder die gleiche Partei wählt.
Dieser **Übergangsprozess** ist ein **stochastischer Prozess.**

b) Für die Stimmverteilung nach der **nächsten** Wahl gilt:

Für Partei PS: $0{,}7 \cdot 0{,}25 + 0{,}2 \cdot 0{,}75 = 0{,}325$

und für PP: $0{,}3 \cdot 0{,}25 + 0{,}8 \cdot 0{,}75 = 0{,}675$

Hinweis: Der Startvektor beschreibt die **Anfangsverteilung,** den **Anfangszustand.**

Mit dem Startvektor (Anfangsverteilung) $\vec{x}_0 = \begin{pmatrix} 0{,}25 \\ 0{,}75 \end{pmatrix}$

erhält man: $A \cdot \vec{x}_0 = \begin{pmatrix} 0{,}7 & 0{,}2 \\ 0{,}3 & 0{,}8 \end{pmatrix} \cdot \begin{pmatrix} 0{,}25 \\ 0{,}75 \end{pmatrix} = \begin{pmatrix} 0{,}325 \\ 0{,}675 \end{pmatrix} = \vec{x}_1$

Nach der nächsten Wahl hat die Partei PS voraussichtlich 32,5 %, die Partei PP 67,5 % aller Stimmen.

Stimmverteilung nach der **übernächsten** Wahl:

Mit dem Verteilungsvektor $\vec{x}_1 = \begin{pmatrix} 0{,}325 \\ 0{,}675 \end{pmatrix}$

erhält man: $A \cdot \vec{x}_1 = \begin{pmatrix} 0{,}7 & 0{,}2 \\ 0{,}3 & 0{,}8 \end{pmatrix} \cdot \begin{pmatrix} 0{,}325 \\ 0{,}675 \end{pmatrix} = \begin{pmatrix} 0{,}3625 \\ 0{,}6375 \end{pmatrix} = \vec{x}_2$

Bei der übernächsten Wahl erhält die Partei PS voraussichtlich 36,25 %, die Partei PP 63,75 % aller Stimmen.

Oder:

Mit dem Startvektor $\vec{x}_0$ erhält man $\vec{x}_2 = A \cdot \vec{x}_1 = A \cdot A \cdot \vec{x}_0$

Mil $A \cdot A - A^2$: $\vec{x}_2 = A^2 \vec{x}_0$

Berechnung von A^2: $\begin{pmatrix} 0{,}7 & 0{,}2 \\ 0{,}3 & 0{,}8 \end{pmatrix} \cdot \begin{pmatrix} 0{,}7 & 0{,}2 \\ 0{,}3 & 0{,}8 \end{pmatrix} = \begin{pmatrix} 0{,}55 & 0{,}3 \\ 0{,}45 & 0{,}7 \end{pmatrix}$

Hinweis: Die 1. Spalte bedeutet für die übernächste Wahl: 55 % der Wähler von PS wählen wieder PS. 45 % der Wähler von PS wechseln zur Partei PP.

Mit dem Startvektor: $\vec{x}_0 = \begin{pmatrix} 0{,}25 \\ 0{,}75 \end{pmatrix}$

erhält man $\vec{x}_2 = \begin{pmatrix} 0{,}55 & 0{,}3 \\ 0{,}45 & 0{,}7 \end{pmatrix} \cdot \begin{pmatrix} 0{,}25 \\ 0{,}75 \end{pmatrix} = \begin{pmatrix} 0{,}3625 \\ 0{,}6375 \end{pmatrix}$.

Bei der übernächsten Wahl wird mit einer Wahrscheinlichkeit von 36,25 % die Partei PS, mit einer Wahrscheinlichkeit von 63,75 % die Partei PP gewählt.

Eine **stochastische Matrix** A ist quadratisch und hat nur nichtnegative Elemente. Die Summe der Elemente in jeder Spalte ist 1.

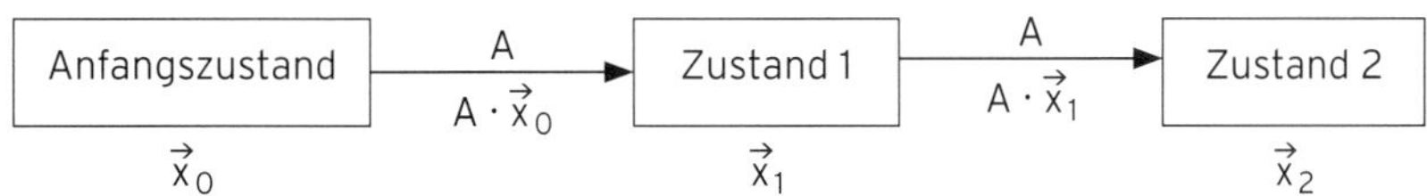

Beispiel 2

➲ In einer Stadt mit den Theatern S und T stellt man durch Befragung folgendes fest: 70 % der Besucher von S kommen beim nächsten Mal wieder, der Rest besucht das Theater T. 60 % der Besucher von T kommen beim nächsten Mal wieder, der Rest geht ins Theater S.

a) Stellen Sie die Übergangsmatrix für diesen Prozess auf.

b) Im Theater S sind heute 100 Besucher, im Theater T 120 Besucher. Bestimmen Sie die voraussichtlichen Besucherzahlen bei der nächsten und der übernächsten Aufführung.

Lösung

a) Übergangsmatrix: $A = \begin{pmatrix} 0{,}7 & 0{,}4 \\ 0{,}3 & 0{,}6 \end{pmatrix}$

b) Für die Verteilung beim nächsten Besuch gilt

in Theater S: $0{,}7 \cdot 100 + 0{,}4 \cdot 120 = 118$

und in Theater T: $0{,}3 \cdot 100 + 0{,}6 \cdot 120 = 102$

In Matrixschreibweise: $\begin{pmatrix} 0{,}7 & 0{,}4 \\ 0{,}3 & 0{,}6 \end{pmatrix} \cdot \begin{pmatrix} 100 \\ 120 \end{pmatrix} = \begin{pmatrix} 118 \\ 102 \end{pmatrix}$

Bei der nächsten Aufführung sind im Theater S 118 und im Theater T 102 Besucher. Die Gesamtzahl der Besucher bleibt gleich, da in der Übergangsmatrix jeweils die Spaltensumme 1 ist.

Besucherzahlen beim zweimaligen Wechsel: $\begin{pmatrix} 0{,}7 & 0{,}4 \\ 0{,}3 & 0{,}6 \end{pmatrix} \cdot \begin{pmatrix} 118 \\ 102 \end{pmatrix} = \begin{pmatrix} 123{,}4 \\ 96{,}6 \end{pmatrix}$

Beim zweimaligen Wechsel sind im Theater S 123 und im Theater T 97 Besucher.

Oder:

Verteilung beim zweimaligen Wechsel:

Aus $\vec{x}_2 = A \cdot \vec{x}_1 = A \cdot A \cdot \vec{x}_0$ ergibt sich $\vec{x}_2 = A^2 \vec{x}_0$.

Berechnung von A^2: $A^2 = \begin{pmatrix} 0{,}7 & 0{,}4 \\ 0{,}3 & 0{,}6 \end{pmatrix} \cdot \begin{pmatrix} 0{,}7 & 0{,}4 \\ 0{,}3 & 0{,}6 \end{pmatrix} = \begin{pmatrix} 0{,}61 & 0{,}52 \\ 0{,}39 & 0{,}48 \end{pmatrix}$

und damit $\begin{pmatrix} 0{,}61 & 0{,}52 \\ 0{,}39 & 0{,}48 \end{pmatrix} \cdot \begin{pmatrix} 100 \\ 120 \end{pmatrix} = \begin{pmatrix} 123{,}4 \\ 96{,}6 \end{pmatrix}$.

Erläuterung: 0,39 ist die Wahrscheinlichkeit, dass ein Besucher von S bei seinem übernächsten Theaterbesuch das Theater T aufsucht.

Hinweis: Da man für diesen Austauschprozess immer die gleiche Übergangsmatrix verwendet, bezeichnet man die Zustandsfolge

$\vec{x}_0 = \begin{pmatrix} 100 \\ 120 \end{pmatrix}$; $\vec{x}_1 = \begin{pmatrix} 118 \\ 102 \end{pmatrix}$; $\vec{x}_2 = \begin{pmatrix} 123{,}4 \\ 96{,}6 \end{pmatrix}$; ... als **Markowkette.**

Beispiel 3

➲ In der Nähe von zwei Supermärkten S_1 und S_2 wird ein neuer Supermarkt S_3 eröffnet. Bisher waren die beiden Supermärkte S_1 und S_2 die einzigen großen Einkaufsmärkte in der Umgebung.
S_1 hatte einen Marktanteil von 60 %,
S_2 einen Marktanteil von 40 %.
Die Marktforschung rechnet mit folgenden wöchentlichen Kundenwanderungen:
In jeder Woche werden 20 % der bisherigen Kunden von S_1 zu S_3 und 30 % der Kunden von S_2 zu S_3 wechseln. Außerdem werden 10 % der Kunden von S_3 wieder zu S_1 und 10 % zu S_2 wechseln.

a) Stellen Sie die Kundenwanderung in einem Übergangsgraphen dar.
Erstellen Sie die Übergangsmatrix A, die die Kundenwanderung beschreibt.

b) Berechnen Sie den Marktanteil für jeden der drei Märkte aufgrund der ermittelten Kundenwanderung nach zwei Wochen.

Lösung

a) Unter der Kundenwanderung versteht man den Anteil der Kunden, die pro Woche von einem Markt zu einem anderen wechseln.
Der untersuchte Kundenkreis kauft entweder bei S_1 oder S_2 oder S_3 ein.

Das **Übergangsverhalten** lässt sich mithilfe eines Diagramms darstellen:
Übergangsgraph:

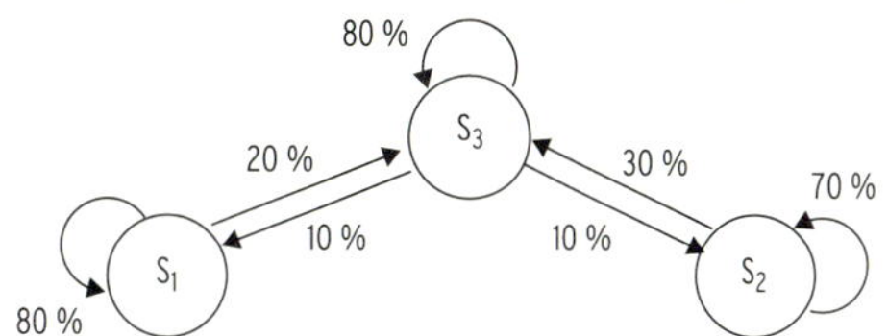

Übergangstabelle:

von / nach	S_1	S_2	S_3
S_1	0,8	0	0,1
S_2	0	0,7	0,1
S_3	0,2	0,3	0,8

Übergangsmatrix A:

$$A = \begin{pmatrix} 0{,}8 & 0 & 0{,}1 \\ 0 & 0{,}7 & 0{,}1 \\ 0{,}2 & 0{,}3 & 0{,}8 \end{pmatrix}$$

Erläuterung:
Die 1. Spalte der Matrix A bedeutet, dass 80 % der Kunden von S_1 dem Supermarkt S_1 treu bleiben, niemand von S_1 zu S_2 und 20 % der Kunden von S_1 zu S_3 wechseln.
Die 2. Zeile von A bedeutet, dass kein Kunde von S_1 zu S_2 wechselt, 70 % der Kunden von S_2 weiterhin in ihrem Markt S_2 einkaufen und 10 % von S_3 zum Markt S_2 wechseln.

b) S_1 hatte einen Marktanteil von 60 % und S_2 einen Marktanteil von 40 %, d. h., die **Anfangsverteilung** ist $\vec{x}_0 = \begin{pmatrix} 0{,}6 \\ 0{,}4 \\ 0 \end{pmatrix}$ (Startvektor).

Berechnung der Verteilung nach der 1. Woche durch Multiplikation von A mit der Anfangsverteilung:

$$A \cdot \vec{x}_0 = \begin{pmatrix} 0{,}8 & 0 & 0{,}1 \\ 0 & 0{,}7 & 0{,}1 \\ 0{,}2 & 0{,}3 & 0{,}8 \end{pmatrix} \cdot \begin{pmatrix} 0{,}6 \\ 0{,}4 \\ 0 \end{pmatrix} = \begin{pmatrix} 0{,}48 \\ 0{,}28 \\ 0{,}24 \end{pmatrix} = \vec{x}_1$$

Marktanteil für jeden der drei Märkte nach einer Woche:
48 % für Markt S_1, 28 % für Markt S_2 und 24 % für Markt S_3.

Für die Marktanteile nach der 2. Woche gilt:

$$A \cdot \vec{x}_1 = \begin{pmatrix} 0{,}8 & 0 & 0{,}1 \\ 0 & 0{,}7 & 0{,}1 \\ 0{,}2 & 0{,}3 & 0{,}8 \end{pmatrix} \cdot \begin{pmatrix} 0{,}48 \\ 0{,}28 \\ 0{,}24 \end{pmatrix} = \begin{pmatrix} 0{,}408 \\ 0{,}22 \\ 0{,}372 \end{pmatrix} = \vec{x}_2$$

Marktanteil für jeden der drei Märkte nach zwei Wochen:
40,8 % für Markt S_1, 22 % für Markt S_2 und 37,2 % für Markt S_3.
Die Kundenverteilung der aktuellen Woche erhält man, indem man die Kundenverteilung der Vorwoche mit der Übergangsmatrix A multipliziert:

$$\vec{x}_1 = A \cdot \vec{x}_0$$
$$\vec{x}_2 = A \cdot \vec{x}_1 = A \cdot A \cdot \vec{x}_0 = A^2 \cdot \vec{x}_0$$
$$\vec{x}_3 = A \cdot \vec{x}_2 = A^3 \cdot \vec{x}_0; \ldots$$

d. h., mithilfe von A^2 lässt sich die Kundenverteilung nach 2 Wochen berechnen bzw. mithilfe von A^3 lässt sich die Kundenverteilung nach 3 Wochen berechnen.

Mit Hilfsmittel:

$$\vec{x}_2 = A \cdot \vec{x}_1 = A^2 \cdot \begin{pmatrix} 0{,}6 \\ 0{,}4 \\ 0 \end{pmatrix}$$

$$\vec{x}_2 = \begin{pmatrix} 0{,}66 & 0{,}03 & 0{,}16 \\ 0{,}02 & 0{,}52 & 0{,}15 \\ 0{,}32 & 0{,}45 & 0{,}69 \end{pmatrix} \cdot \begin{pmatrix} 0{,}6 \\ 0{,}4 \\ 0 \end{pmatrix} = \begin{pmatrix} 0{,}408 \\ 0{,}22 \\ 0{,}372 \end{pmatrix}$$

$\vec{x}_2 = \begin{pmatrix} 0{,}408 \\ 0{,}22 \\ 0{,}372 \end{pmatrix}$ ist die Verteilung nach zwei Wochen.

Erläuterungen zu A^2:
Die 1. Spalte der Matrix A^2 bedeutet für die Kundenwanderung in der 2. Woche:
Die Wahrscheinlichkeit, dass ein Kunde von S_1 seinen übernächsten Einkauf
- wieder in S_1 tätigt, beträgt 66 %;
- in S_2 tätigt, beträgt 2 %;
- in S_3 tätigt, beträgt 32 %;
- nicht in S_1 tätigt, beträgt $1 - 0{,}66 = 0{,}34$.

Beispiel 4

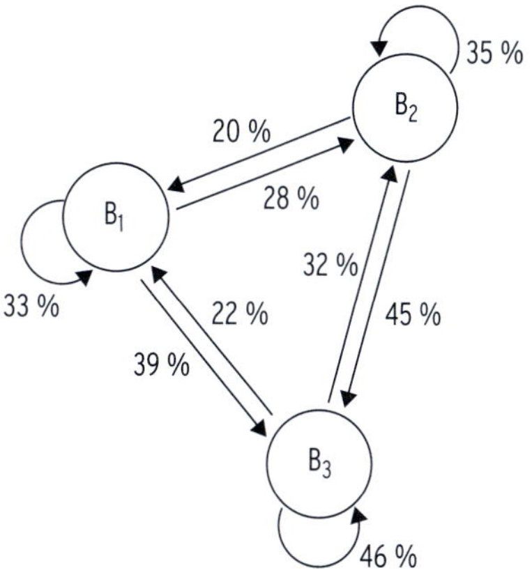

In der Stadt Wangen gibt es drei Baumärkte B_1, B_2 und B_3. Das Ergebnis einer monatlichen Befragung bei 5000 Kunden zeigt das nebenstehende Diagramm:

a) Beschreiben Sie das Diagramm.

b) Erstellen Sie die Übergangsmatrix A.

Anfangs kauften bei B_1 1000 Kunden ein, bei B_2 und B_3 jeweils 2000 Kunden.

c) Berechnen Sie mit der Übergangsmatrix die Kundenverteilung nach einem Monat. Beschreiben Sie, wie sich mithilfe der Übergangsmatrix die Kundenverteilung nach drei Monaten berechnen lässt.

d) Wie groß ist die Wahrscheinlichkeit, dass ein Kunde von B_1 seinen übernächsten Einkauf bei B_2 bzw. bei einem anderen Baumarkt tätigt?

Lösung

a) Der untersuchte Kundenkreis kauft entweder bei B_1 oder B_2 oder B_3 ein.
Jeden Monat bleiben 33 % der Kunden von B_1 bei B_1, 28 % der Kunden wechseln von B_1 zu B_2 und 39 % von B_1 zu B_3.
Jeden Monat wechseln 20 % der Kunden von B_2 zu B_1, 35 % der Kunden bleiben bei B_2 und 45 % wechseln von B_2 zu B_3.
Jeden Monat wechseln 22 % der Kunden von B_3 zu B_1 sowie 32 % zu B_2, 46 % der Kunden bleiben bei B_3.

b) Das Übergangsverhalten lässt sich mithilfe einer Tabelle darstellen:

Übergangstabelle:

zu \ von	B_1	B_2	B_3
B_1	33 %	20 %	22 %
B_2	**28 %**	35 %	32 %
B_3	**39 %**	45 %	46 %

Erläuterung: 33 % der Kunden von B_1 kaufen weiter bei B_1 ein, 28 % der Kunden wechseln von B_1 zu B_2 und **39 %** wechseln von B_1 zu B_3.

Übergangsmatrix:

$$A = \begin{pmatrix} 0,33 & 0,20 & 0,22 \\ 0,28 & 0,35 & 0,32 \\ 0,39 & 0,45 & 0,46 \end{pmatrix}$$

c) Anfangsverteilung: $\vec{x}_0 = \begin{pmatrix} 1000 \\ 2000 \\ 2000 \end{pmatrix}$

Kundenverteilung nach einem Monat:

$$\vec{x}_1 = A \cdot \vec{x}_0 = \begin{pmatrix} 0{,}33 & 0{,}20 & 0{,}22 \\ 0{,}28 & 0{,}35 & 0{,}32 \\ 0{,}39 & 0{,}45 & 0{,}46 \end{pmatrix} \cdot \begin{pmatrix} 1000 \\ 2000 \\ 2000 \end{pmatrix} = \begin{pmatrix} 1170 \\ 1620 \\ 2210 \end{pmatrix}$$

Nach einem Monat kaufen von 5000 Kunden 1170 im Baumarkt B_1, 1620 im Baumarkt B_2 und 2210 im Baumarkt B_3.

Die Kundenverteilung nach 3 Monaten erhält man, indem man die Kundenverteilung nach 2 Monaten mit der Übergangsmatrix A multipliziert:

$$\vec{x}_3 = A \cdot \vec{x}_2$$

oder aus $\vec{x}_3 = A^3 \cdot \vec{x}_0$

d) Man berechnet die erste Spalte der Übergangsmatrix A^2.
Sie beschreibt das Wechselverhalten der Kunden von B_1 beim übernächsten Einkauf.

$$A \cdot \begin{pmatrix} 0{,}33 \\ 0{,}28 \\ 0{,}39 \end{pmatrix} = \begin{pmatrix} 0{,}33 & 0{,}20 & 0{,}22 \\ 0{,}28 & 0{,}35 & 0{,}32 \\ 0{,}39 & 0{,}45 & 0{,}46 \end{pmatrix} \cdot \begin{pmatrix} 0{,}33 \\ 0{,}28 \\ 0{,}39 \end{pmatrix} = \begin{pmatrix} 0{,}25 \\ 0{,}32 \\ 0{,}43 \end{pmatrix}$$

Die Wahrscheinlichkeit,

- dass ein Kunde von B_1 seinen übernächsten Einkauf bei B_2 tätigt, beträgt 0,32,
- dass er beim übernächsten Mal bei einem anderen Baumarkt einkauft, beträgt $0{,}32 + 0{,}43 = 0{,}75$ oder $1 - 0{,}25 = 0{,}75$.

Hinweis: Mit dem Startvektor $\vec{x}_0 = \begin{pmatrix} 1 \\ 0 \\ 0 \end{pmatrix}$: (100 % der Kunden kaufen bei B_1 ein.)

$$A \cdot \begin{pmatrix} 1 \\ 0 \\ 0 \end{pmatrix} = \begin{pmatrix} 0{,}33 \\ 0{,}28 \\ 0{,}39 \end{pmatrix} = \vec{x}_1; \quad A \cdot \begin{pmatrix} 0{,}33 \\ 0{,}28 \\ 0{,}39 \end{pmatrix} = \begin{pmatrix} 0{,}25 \\ 0{,}32 \\ 0{,}43 \end{pmatrix} = \vec{x}_2$$

Aufgaben

1 Liegt eine stochastische Matrix vor? Begründen Sie Ihre Wahl.

a) $\begin{pmatrix} 0{,}5 & 0{,}5 & 0{,}1 \\ 0 & 0{,}7 & 0{,}1 \\ 0{,}5 & -0{,}2 & 0{,}8 \end{pmatrix}$ b) $\begin{pmatrix} 0{,}4 & 0{,}5 & 0{,}1 \\ 0{,}3 & 0{,}5 & 0 \\ 0{,}3 & 0 & 0{,}8 \end{pmatrix}$ c) $\begin{pmatrix} 0{,}8 & 0{,}1 \\ 0 & 0{,}7 \\ 0{,}2 & 0{,}2 \end{pmatrix}$ d) $\begin{pmatrix} 1 & 0{,}5 \\ 0 & 0{,}5 \end{pmatrix}$

2 Eine Teilchenart TA kann drei Energiezustände I, II und III annehmen.
Das Diagramm beschreibt, wie die Teilchen innerhalb eines festen Zeitschritts ihre Energiezustände ändern.
Interpretieren Sie das Diagramm.

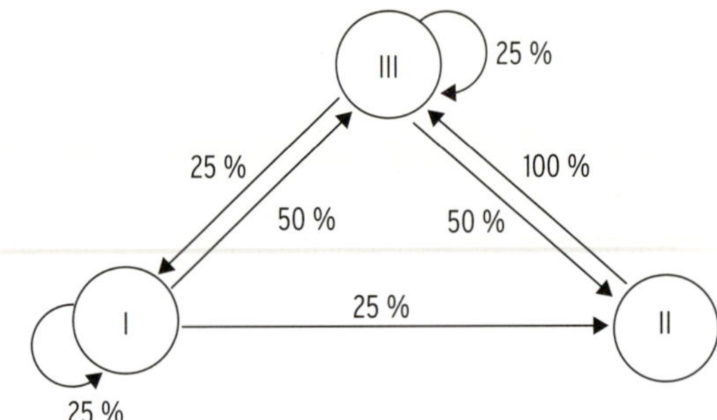

3 In einem fiktiven Staat stehen drei Parteien P1, P2 und P3 zur Wahl. Bei der letzten Wahl stimmte jeder 3. Wähler für P1 und jeder 2. Wähler für P2. Es besteht Wahlpflicht.
Die Prognose für die Wählerwanderung besagt, dass Partei P1 20 % seiner Wähler an Partei P2 verliert, der Rest der Wähler von Partei P1 bleibt seiner Partei treu. 10 % der Wähler von P2 wechseln zu P1 und 20 % zu P3, während 10 % der Wähler von P3 zu P1 und 20 % zu P2 wechseln.
Stellen Sie die zugehörige Übergangsmatrix auf. Welche Stimmverteilung wird nach der nächsten Wahl erwartet?

4 Das Diagramm beschreibt bei einer Kreuzung den jährlichen Übergang der Blütenfarben pink (p) , rot (r) und weiß (w) von einer Generation zur nächsten. Bestimmen Sie die Übergangsmatrix A und damit die Verteilung nach einem Jahr bzw. nach zwei Jahren, wenn die Verteilung der Pflanzen zu Beginn beschrieben wird durch

$\vec{x}_0 = \begin{pmatrix} p \\ r \\ w \end{pmatrix} = \begin{pmatrix} 4000 \\ 4000 \\ 4000 \end{pmatrix}$.

Interpretieren Sie die Matrix A^2 ohne sie zu berechnen.

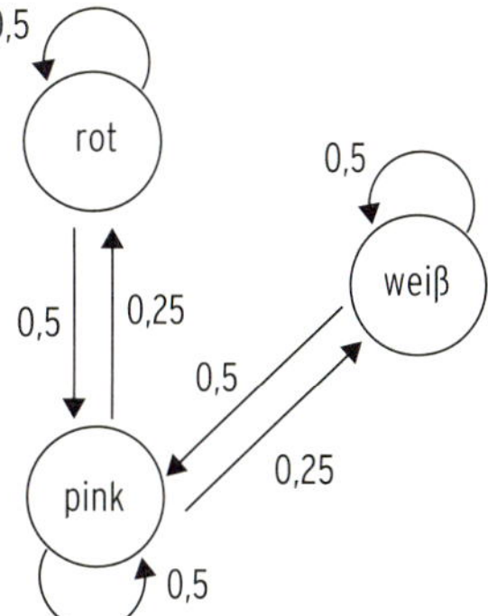

5 Drei Gasversorger G1, G2 und G3 konkurrieren in einer Kleinstadt um 4500 Haushalte.

a) Werbeaktionen veranlassen am Jahresende viele Verbraucher den Energieversorger zu wechseln. Von G1 wechseln 50 % zu G2 und 10 % zu G3. Von G2 wechseln 20 % zu G1 und 10 % zu G3. Von G3 wechseln 10 % zu G1 und 50 % zu G2. Die übrigen bleiben bei ihrem Versorger. Im Jahr 2020 sind 2000 Haushalte bei G1 und 1500 bei G2, die übrigen bei G3. Geben Sie die Übergangsmatrix an. Berechnen Sie, wie viele Haushalte von den einzelnen Energieversorgern im Jahr 2021 beliefert werden.

b) In der Nachbarstadt sind ebenfalls die Anbieter G1 und G2 sowie ein weiterer Anbieter G4 am Markt. Folgende Tabelle beschreibt das Wechselverhalten der Haushalte:

zu \ von	G1	G2	G4
G1	0,7	0,3	0,3
G2	0,1	0,6	0,3
G4	0,2	0,1	0,4

Nehmen Sie Stellung zur Behauptung: Die Kunden von G1 zeigen mehr Kundentreue als die von G4.
Im Jahr 2019 bezogen 700 Haushalte ihr Gas von G1, 400 Haushalte von G2 und 300 Haushalte von G4. Wie ist die Verteilung im Folgejahr? Interpretieren Sie Ihr Ergebnis.
Wie groß ist die Wahrscheinlichkeit, dass ein Kunde von G1 zwei Jahre später von G4 sein Gas bezieht?

2.2 Stabilitätsvektor und Grenzmatrix

Bei Austauschprozessen ist die langfristige Einwicklung interessant. Eine besondere Stellung nehmen Verteilungen ein, die sich im Laufe des Prozesses nicht ändern. Man nennt diese Verteilungen **stationär (stabil).**

Beispiel 1

➲ Eine Population von Käfern enthält Tiere mit zwei verschiedenen Merkmalen X und Y (z. B. Farbe). Beobachtungen über längere Zeit zeigen, dass Käfer mit Merkmal X zu 60 % Nachkommen mit Merkmal X und zu 40 % solche mit Merkmal Y haben. Käfer mit Merkmal Y haben zu 80 % wieder Nachkommen mit diesem Merkmal, zu 20 % solche mit Merkmal X. Die Vermehrungsrate wird durch die Merkmale nicht beeinflusst.

a) Die Generation bei Beobachtungsbeginn enthält jeweils 50 % Käfer mit Merkmal X bzw. Merkmal Y. Berechnen Sie eine Verteilung von X und Y der nächsten Generation.

b) Wie sieht die langfristige Verteilung der Merkmale aus?

Lösung

a) Übergangsdiagramm:

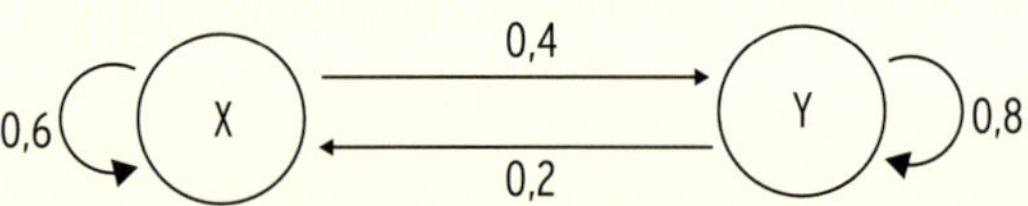

Übergangsmatrix: $A = \begin{pmatrix} 0{,}6 & 0{,}2 \\ 0{,}4 & 0{,}8 \end{pmatrix}$ Startvektor: $\vec{x}_0 = \begin{pmatrix} 0{,}5 \\ 0{,}5 \end{pmatrix}$

Verteilung in der nächsten Generation: $\begin{pmatrix} 0{,}6 & 0{,}2 \\ 0{,}4 & 0{,}8 \end{pmatrix} \cdot \begin{pmatrix} 0{,}5 \\ 0{,}5 \end{pmatrix} = \begin{pmatrix} 0{,}4 \\ 0{,}6 \end{pmatrix}$

Die nächste Generation enthält 40 % Käfer mit Merkmal X und 60 % Käfer mit Y.

b) Gesucht ist also die Verteilung, die sich durch Multiplikation mit A nicht mehr ändert, die **stationäre Verteilung.** Der **Stabilitätsvektor** (Fixvektor) $\vec{x}$ mit den Eigenschaften $A \cdot \vec{x} = \vec{x}$ und $x_1 + x_2 = 1$ beschreibt diese stationäre Verteilung.

Der Ansatz $A\,\vec{x} = \vec{x}$ führt mit $\vec{x} = \begin{pmatrix} x_1 \\ x_2 \end{pmatrix} = \begin{pmatrix} x_1 \\ 1 - x_1 \end{pmatrix}$ auf $\begin{pmatrix} 0{,}6 & 0{,}2 \\ 0{,}4 & 0{,}8 \end{pmatrix} \cdot \begin{pmatrix} x_1 \\ 1 - x_1 \end{pmatrix} = \begin{pmatrix} x_1 \\ 1 - x_1 \end{pmatrix}$.

Daraus folgt das LGS $0{,}6x_1 + 0{,}2(1 - x_1) = x_1$
$0{,}4x_1 + 0{,}8(1 - x_1) = 1 - x_1$

Vereinfachung ergibt jeweils $0{,}6x_1 = 0{,}2$ und daraus $x_1 = \frac{1}{3}$

Einsetzen in $x_1 + x_2 = 1$ ergibt $x_2 = \frac{2}{3}$

Lösung: $x_1 = \frac{1}{3}$; $x_2 = \frac{2}{3}$

Die stationäre Verteilung ist 33,33 % Käfer mit Merkmal X und 66,67 % mit Merkmal Y.

Stabilitätsvektor $\vec{x} = \begin{pmatrix} \frac{1}{3} \\ \frac{2}{3} \end{pmatrix}$; $\vec{x}$ beschreibt die stationäre Verteilung.

Für den **stationären (stabilen) Zustand** $\vec{x}$ gilt: $A\,\vec{x} = \vec{x}$.

Beispiel 2

➲ In einem Staat mit den Parteien PS und PP (vgl. Seite 10) beschreibt die Übergangsmatrix

$A = \begin{pmatrix} 0{,}7 & 0{,}2 \\ 0{,}3 & 0{,}8 \end{pmatrix}$ das Wählerverhalten. Bei der letzten Wahl erhielt die Partei PS 25 % und Partei PP 75 % aller Stimmen.

a) Berechnen Sie A^2 und interpretieren Sie die 2. Spalte.

b) Gibt es eine Stimmenverteilung, die sich reproduziert?

c) Ermitteln Sie, wie viele der Wähler von Partei PS ihrer Partei die Treue halten müssten, wenn Partei PS bei der nächsten Wahl ihren jetzigen Stimmenanteil auf 40 % steigern möchte.

d) Gegeben sind $A^{10} = \begin{pmatrix} 0{,}4006 & 0{,}3996 \\ 0{,}5994 & 0{,}6004 \end{pmatrix}$ und $A^{20} = \begin{pmatrix} 0{,}4000 & 0{,}4000 \\ 0{,}6000 & 0{,}6000 \end{pmatrix}$ (gerundet auf 4 Dezimalen). Interpretieren Sie.

Lösung

a) $A^2 = A \cdot A = \begin{pmatrix} 0{,}55 & 0{,}30 \\ 0{,}45 & 0{,}70 \end{pmatrix}$

0,30 bedeutet: Bei der übernächsten Wahl wählen die Anhänger von PP die Partei PS mit einer Wahrscheinlichkeit von 30 %.
0,70 bedeutet: Bei der übernächsten Wahl wählen die Anhänger von PP wieder die Partei PP mit einer Wahrscheinlichkeit von 70 %.

b) Für eine Stimmverteilung $\vec{x} = \begin{pmatrix} x_1 \\ x_2 \end{pmatrix}$ mit $x_1 + x_2 = 1$, die sich reproduziert,

muss gelten: $\vec{x} = A \cdot \vec{x}$

Bedingungen für x_1 und x_2: $\begin{pmatrix} 0{,}7 & 0{,}2 \\ 0{,}3 & 0{,}8 \end{pmatrix} \cdot \begin{pmatrix} x_1 \\ x_2 \end{pmatrix} = \begin{pmatrix} x_1 \\ x_2 \end{pmatrix}$

Mit $x_1 + x_2 = 1$, bzw. $x_2 = 1 - x_1$

erhält man: $\begin{pmatrix} 0{,}7 & 0{,}2 \\ 0{,}3 & 0{,}8 \end{pmatrix} \cdot \begin{pmatrix} x_1 \\ 1 - x_1 \end{pmatrix} = \begin{pmatrix} x_1 \\ 1 - x_1 \end{pmatrix}$

Die Gleichung $0{,}5x_1 + 0{,}2 = x_1$
oder die Gleichung $-0{,}5x_1 + 0{,}8 = 1 - x_1$
hat jeweils die Lösung $x_1 = 0{,}4$.
Einsetzen ergibt: $x_2 = 1 - x_1 = 0{,}6$

Hat die Partei PS 40 % und die Partei PP 60 % aller Stimmen, ändert sich die Stimmenverteilung bei einer Wahl (Übergangsmatrix A) nicht mehr.

$\vec{x} = \begin{pmatrix} 0{,}4 \\ 0{,}6 \end{pmatrix}$ heißt Stabilitätsvektor (stationärer Zustand).

Probe:

$A \cdot \begin{pmatrix} 0{,}4 \\ 0{,}6 \end{pmatrix} = \begin{pmatrix} 0{,}7 & 0{,}2 \\ 0{,}3 & 0{,}8 \end{pmatrix} \cdot \begin{pmatrix} 0{,}4 \\ 0{,}6 \end{pmatrix} = \begin{pmatrix} 0{,}4 \\ 0{,}6 \end{pmatrix}$

c) Der Anteil der Wähler von PS, die ihrer Partei treu bleiben, sei a.
Der Anteil der Wähler von PS, die zur Partei PC wechseln, ist dann 1 – a.

Stimmenverteilung nach der nächsten Wahl: $\vec{x}_1 = \begin{pmatrix} 0,4 \\ 0,6 \end{pmatrix}$

Mit dem Startvektor $\begin{pmatrix} 0,25 \\ 0,75 \end{pmatrix}$ muss gelten: $\begin{pmatrix} a & 0,2 \\ 1-a & 0,8 \end{pmatrix} \cdot \begin{pmatrix} 0,25 \\ 0,75 \end{pmatrix} = \begin{pmatrix} 0,4 \\ 0,6 \end{pmatrix}$

Ausmultiplizieren ergibt: $0,25a + 0,15 = 0,4 \quad \Rightarrow a = 1$

$0,25 - 0,25a + 0,6 = 0,6 \quad \Rightarrow a = 1$

Nur wenn alle Wähler der Partei PS wieder PS wählen, gelingt es Partei PS, bei der nächsten Wahl ihren jetzigen Stimmenanteil auf 40 % zu steigern.

d) Die Matrixpotenzen A^n streben für $n \to \infty$ gegen die Matrix $\begin{pmatrix} 0,4 & 0,4 \\ 0,6 & 0,6 \end{pmatrix}$.

Bemerkung: Die **Übergangsmatrix A^n stabilisiert sich** für $n \to \infty$ zur Grenzmatrix $G = \begin{pmatrix} 0,4 & 0,4 \\ 0,6 & 0,6 \end{pmatrix}$.
Diese Matrix beschreibt die Grenzverteilung $\begin{pmatrix} 0,4 \\ 0,6 \end{pmatrix}$ (langfristige Verteilung).

Dies bedeutet, dass sich die Wähler zu 40 % für Partei PS und zu 60 % für Partei PP entscheiden. Es gilt also: $\lim\limits_{n \to \infty} A^n = \begin{pmatrix} 0,4 & 0,4 \\ 0,6 & 0,6 \end{pmatrix}$.

Die Spaltenvektoren sind alle gleich und entsprechen der stationären Verteilung.

Beispiele für verschiedene Startvektoren:

$\begin{pmatrix} 0,4 & 0,4 \\ 0,6 & 0,6 \end{pmatrix} \cdot \begin{pmatrix} 0,5 \\ 0,5 \end{pmatrix} = \begin{pmatrix} 0,4 \\ 0,6 \end{pmatrix}$ $\quad$ $\begin{pmatrix} 0,4 & 0,4 \\ 0,6 & 0,6 \end{pmatrix} \cdot \begin{pmatrix} 1 \\ 0 \end{pmatrix} = \begin{pmatrix} 0,4 \\ 0,6 \end{pmatrix}$

Hinweis: Jede beliebige Verteilung strebt gegen die stationäre (stabile) Verteilung (siehe Teilaufgabe b)).

Gilt für eine stochastische Matrix A $\lim\limits_{n \to \infty} A^n = G$, so besteht die Matrix G aus lauter gleichen Spalten: $G = \begin{pmatrix} x_1 & x_1 & \cdots & x_1 \\ x_2 & x_2 & \cdots & x_2 \\ \cdots & \cdots & \cdots & \cdots \\ x_n & x_n & \cdots & x_n \end{pmatrix}$.

G heißt **Grenzmatrix.**

Der Spaltenvektor $\vec{x} = \begin{pmatrix} x_1 \\ x_2 \\ \ldots \\ x_n \end{pmatrix}$ ist ein **Stabilitätsvektor.**

Die stationäre (stabile)Verteilung und die Grenzverteilung stimmen überein.

Berechnung des Stabilitätsvektors

Fixpunktgleichung: $\vec{x} = A \cdot \vec{x}$

Matrixpotenz A^n: $\lim\limits_{n \to \infty} A^n = G$

Hinweis: Für eine quadratische Matrix A gilt: $A^n = \underbrace{A \cdot A \cdot A \cdot \ldots \cdot A}_{n \text{ Faktoren}}$ (Potenz einer Matrix)

Beispiel 3

➲ In der Stadt Wangen gibt es drei Baumärkte B_1, B_2 und B_3 (vgl. Seite 15).

Die Übergangsmatrix $A = \begin{pmatrix} 0{,}33 & 0{,}20 & 0{,}22 \\ 0{,}28 & 0{,}35 & 0{,}32 \\ 0{,}39 & 0{,}45 & 0{,}46 \end{pmatrix}$ beschreibt den Anteil der Kunden, die jeden Monat von Baumarkt B_j zu Baumarkt B_i wechseln.

a) Berechnen Sie eine Verteilung, die sich aufgrund der oben genannten Kundenströme nicht mehr ändert. Wie lautet die zugehörige Grenzmatrix G?

b) Bestimmen Sie die langfristige Verteilung für 5000 Kunden. Ändert sich diese Verteilung, wenn zu Beginn alle Kunden bei B_1 einkaufen?

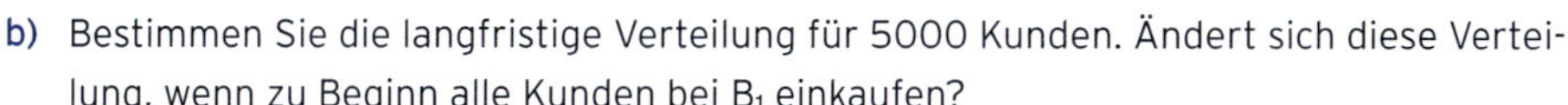

Lösung

a) Gesucht ist also die Verteilung, die sich durch Multiplikation mit A nicht mehr ändert, die stationäre Verteilung. Der Stabilitätsvektor $\vec{x}$ mit den Eigenschaften $A \cdot \vec{x} = \vec{x}$ und $x_1 + x_2 + x_3 = 1$ beschreibt diese stabile (stationäre) Verteilung.

Der Ansatz $A \cdot \vec{x} = \vec{x}$ führt mit $\vec{x} = \begin{pmatrix} x_1 \\ x_2 \\ 1 - x_1 - x_2 \end{pmatrix}$

auf $\begin{pmatrix} 0{,}33 & 0{,}20 & 0{,}22 \\ 0{,}28 & 0{,}35 & 0{,}32 \\ 0{,}39 & 0{,}45 & 0{,}46 \end{pmatrix} \cdot \begin{pmatrix} x_1 \\ x_2 \\ 1 - x_1 - x_2 \end{pmatrix} = \begin{pmatrix} x_1 \\ x_2 \\ 1 - x_1 - x_2 \end{pmatrix}$

Daraus folgt das LGS

$$0{,}33x_1 + 0{,}20x_2 + 0{,}22(1 - x_1 - x_2) = x_1$$
$$0{,}28x_1 + 0{,}35x_2 + 0{,}32(1 - x_1 - x_2) = x_2$$
$$0{,}39x_1 + 0{,}45x_2 + 0{,}46(1 - x_1 - x_2) = 1 - x_1 - x_2$$

Vereinfachung ergibt

$$89x_1 + 2x_2 = 22 \qquad (1)$$
$$4x_1 + 97x_2 = 32 \qquad (2)$$
$$93x_1 + 99x_2 = 54 \qquad (3)$$

Aus den ersten beiden Gleichungen ergibt sich $x_1 = 0{,}24$ und $x_2 = 0{,}32$.

Probe in der Gleichung (3) und Einsetzen in $x_1 + x_2 + x_3 = 1$ ergibt $x_3 = 0{,}44$.

Stabilitätsvektor $\vec{x} = \begin{pmatrix} 0{,}24 \\ 0{,}32 \\ 0{,}44 \end{pmatrix}$

Die Verteilung: 24 % aller Kunden kaufen im Baumarkt B_1, 32 % in B_2 und 44 % in B_3, ist die stationäre Verteilung.

Die stationäre Verteilung stimmt mit der langfristigen Verteilung überein.
Die Spalten der Grenzmatrix stimmen überein und entsprechen der langfristigen Verteilung (dem Stabilitätsvektor) $\vec{x} = \begin{pmatrix} 0{,}24 \\ 0{,}32 \\ 0{,}44 \end{pmatrix}$: $G = \begin{pmatrix} 0{,}24 & 0{,}24 & 0{,}24 \\ 0{,}32 & 0{,}32 & 0{,}32 \\ 0{,}44 & 0{,}44 & 0{,}44 \end{pmatrix}$,

Erläuterung:
Langfristig beträgt die Wahrscheinlichkeit, dass ein Kunde
- von Baumarkt B_1 bei Baumarkt B_1 bleibt, 24 %,
- von Baumarkt B_1 zu Baumarkt B_2 wechselt, 32 %,
- von Baumarkt B_1 zu Baumarkt B_3 wechselt, 44 %.
Diese Wahrscheinlichkeiten gelten ebenso für die Kunden von Baumarkt B_2 bzw. B_3.

b) Der Stabilitätsvektor $\vec{x} = \begin{pmatrix} 0{,}24 \\ 0{,}32 \\ 0{,}44 \end{pmatrix}$ beschreibt die langfristige Verteilung.

Berechnung der Kundenzahl für 5000 Kunden:

$0{,}24 \cdot 5000 = 1200$; $0{,}32 \cdot 5000 = 1600$; $0{,}44 \cdot 5000 = 2200$, also $\vec{x} = \begin{pmatrix} 1200 \\ 1600 \\ 2200 \end{pmatrix}$

Die stationäre Verteilung ist 1200 Kunden im Baumarkt B_1, 1600 in B_2 und 2200 in B_3. Die Anfangsverteilung spielt keine Rolle. Die stabile Verteilung stimmt mit der langfristigen Verteilung überein.
Probe für die Verteilung: Alle Kunden sind Kunden im Baumarkt B_1.

100 % der Kunden kaufen in B_1; Startvektor: $\vec{x} = \begin{pmatrix} 1 \\ 0 \\ 0 \end{pmatrix}$

Multiplikation mit der Grenzmatrix G ergibt den Stabilitätsvektor in %. $G \cdot \begin{pmatrix} 1 \\ 0 \\ 0 \end{pmatrix} = \begin{pmatrix} 0{,}24 \\ 0{,}32 \\ 0{,}44 \end{pmatrix}$

Alle 5000 Kunden kaufen in B_1; Startvektor: $\vec{x} = \begin{pmatrix} 5000 \\ 0 \\ 0 \end{pmatrix}$

Multiplikation mit der Grenzmatrix G ergibt den Stabilitätsvektor für 5000 Kunden. $G \cdot \begin{pmatrix} 5000 \\ 0 \\ 0 \end{pmatrix} = \begin{pmatrix} 1200 \\ 1600 \\ 2200 \end{pmatrix}$

Hinweis: Z. B.: 24 % von 5000 sind 1200.

Aufgaben

1 Für einen Austauschprozess gilt der Stabilitätsvektor $\vec{x} = \begin{pmatrix} 0{,}6 \\ 0{,}4 \end{pmatrix}$ und das nebenstehende Diagramm.
Bestimmen Sie die Übergangsmatrix A.
Übertragen Sie das Diagramm in Ihr Heft und vervollständigen Sie es.

2 Eine Rothirschpopulation von 450 Rothirschen und seine Wanderungen in den Revieren X, Y und Z eines Waldgebietes wird durch eine Übergangsmatrix A beschrieben.

Die Potenzen A^n nähern sich für große n der Matrix G an: $G = \begin{pmatrix} \frac{16}{45} & \frac{16}{45} & \frac{16}{45} \\ g & g & g \\ \frac{6}{45} & \frac{6}{45} & \frac{6}{45} \end{pmatrix}$.

a) Bestimmen Sie g in der Grenzmatrix G.

b) Die stabile Verteilung der Hirsche ist unabhängig von der Anfangsverteilung.

Prüfen Sie die Behauptung anhand der Anfangsverteilungen $\begin{pmatrix} 450 \\ 0 \\ 0 \end{pmatrix}$ und $\begin{pmatrix} 250 \\ 100 \\ 100 \end{pmatrix}$.

3 Die drei Autowaschanlagen W1, W2 und W3 haben das Wechselverhalten ihrer Kunden untersucht. Die Kunden von W1 verteilen sich bei der nächsten Autowäsche im Verhältnis 2 : 1 : 1 auf die drei Autowaschanlagen. Die Kunden von W2 wechseln das nächste Mal zu 25 % zu W1 und zu 25 % zu W3. 80 % der Kunden von W3 sind der Anlage treu, der Rest wechselt zu W1. Jeder Kunde wäscht sein Auto genau einmal pro Woche.

a) Bestimmen Sie die Übergangsmatrix für diesen Prozess.

b) In einer bestimmten Woche waschen von insgesamt 1000 Autofahrern 500 bei W1 und je 250 bei W2 und W3 ihr Auto. Bestimmen Sie die Verteilung in der Vorwoche und für die folgende Woche.

c) Bestimmen Sie die stabile Verteilung und geben Sie die Grenzmatrix an. Wie sieht die langfristige Verteilung aus, wenn zu Beginn alle Autofahrer ihr Fahrzeug in der Anlage W1 waschen?

4 Drei Vollwaschmittel V1, V2 und V3 teilen den Markt unter sich auf. Das Wechselverhalten der Kunden nach jedem Kauf wird durch die Übergangsmatrix

$A = \begin{pmatrix} 0 & 0{,}4 & 0{,}5 \\ 0{,}6 & 0 & 0{,}5 \\ 0{,}4 & 0{,}6 & 0 \end{pmatrix}$ beschrieben.

a) Kaufen 175 Kunden V1, 200 Kunden V2 und 190 Kunden V3, so ist der Markt im Gleichgewicht. Überprüfen Sie diese Behauptung. Welchen Marktanteil hat dann das Vollwaschmittel V2?

b) Anfangs kaufen alle Kunden das Vollwaschmittel V1. Wie lautet die Verteilung nach zweimaligem Kauf? Wie groß ist die Wahrscheinlichkeit, dass ein Käufer von V2 beim übernächsten Einkauf nicht mehr V2 kauft?

c) Bestimmen Sie das Wechselverhalten der Kunden von Vollwaschmittel V2, damit langfristig die Vollwaschmittel im Verhältnis 1 : 2 : 1 gekauft werden?

5 Im Stadtgebiet von Ulm sollen 30 Elektrosmarts an 3 Standorten X, Y und Z bereitgestellt werden. Ein Modell für die täglichen Veränderungen besagt, dass 60 % der entliehenen Autos abends am Standort X, 30 % in Y und 10 % in Z abgestellt werden.

80 % der in Y entliehenen Autos werden wieder in Y abgestellt, der Rest zu gleichen Teilen in X und Z. Von den in Z abgeholten Autos kehrt die Hälfte abends wieder zurück, 20 % werden bei X und Rest bei Y abgestellt.

Morgens stehen 50 % der Autos in X, 30 % in Y und 20 % in Z. Wie viel % der Autos werden abends nicht am Standort Y abgestellt? Wie sollen die Autos sinnvoll an den Standorten verteilt werden?

6 Die gegebene Übergangsmatrix A beschreibt das wöchentliche Wechselverhalten der Kunden von drei Supermärkten S1, S2 und S3: $A = \begin{pmatrix} 0{,}8 & 0 & 0{,}1 \\ 0 & 0{,}7 & 0{,}1 \\ 0{,}2 & 0{,}3 & 0{,}8 \end{pmatrix}$.

Bestimmen Sie die Verteilung nach einer Woche, wenn sich zu Wochenbeginn die Kunden wie 2 : 2 : 1 auf alle drei Supermärkte verteilen.

Überprüfen Sie, ob sich langfristig eine feste Verteilung der Marktanteile der drei Supermärkte ergibt. Wenn ja, geben Sie diese Verteilung an.

Untersuchen Sie, ob sich die langfristige Verteilung der Marktanteile der drei Supermärkte ändern würde, wenn S1, S2 und S3 zu Beginn die gleichen Marktanteile gehabt hätten.

7 Drei Firmen U1, U2 und U3 bringen gleichzeitig ein neuartiges Produkt auf den Markt. Zu Beginn besitzt U1 einen Marktanteil von 40 %, U2 von 20 % und U3 von 40 %. Das Diagramm beschreibt das monatliche Wechselverhalten der Kunden.

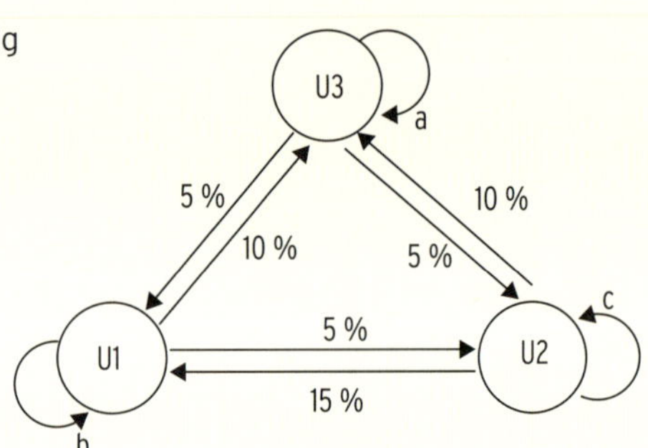

a) Welche Marktanteile besitzen die Firmen nach einem Monat? Zeigen Sie, dass U1 nach zwei Monaten einen Marktanteil von etwa 38,1 % hat.

b) Nach einigen Monaten haben sich die Marktanteile eingependelt und verändern sich nicht mehr. Welche Firma kann sich als Marktführer fühlen?

8 Ein Unternehmen mit 1200 Mitarbeitern arbeitet an den drei Standorten U, V und W. Im Rahmen der Personalplanung werden die über Jahre stabilen Quoten für den Wechsel der Standorte in einer Übergangsmatrix A festgelegt: $A = \begin{pmatrix} 0{,}7 & 0{,}1 & 0{,}1 \\ 0{,}2 & 0{,}85 & 0 \\ 0{,}1 & 0{,}05 & 0{,}9 \end{pmatrix}$.

Zu Beginn arbeiten sämtliche 1200 Mitarbeiter am Standort U.

a) Zeichnen Sie ein Übergangsdiagramm.
Ermitteln Sie die Verteilung auf die drei Standorte U, V und W nach dem ersten Jahr.

b) Gibt es eine Verteilung der 1200 Mitarbeiter, die im nächsten Jahr gleich bleibt? Wenn ja, geben Sie diese an.

c) Jan behauptet: Die Grenzmatrix lautet $G = \begin{pmatrix} 0{,}25 & 0{,}25 & 0{,}25 \\ 0{,}33 & 0{,}33 & 0{,}33 \\ 0{,}42 & 0{,}42 & 0{,}42 \end{pmatrix}$.
Nehmen Sie Stellung zu Jans Behauptung.

2.3 Absorbierender Zustand

Beispiel 1

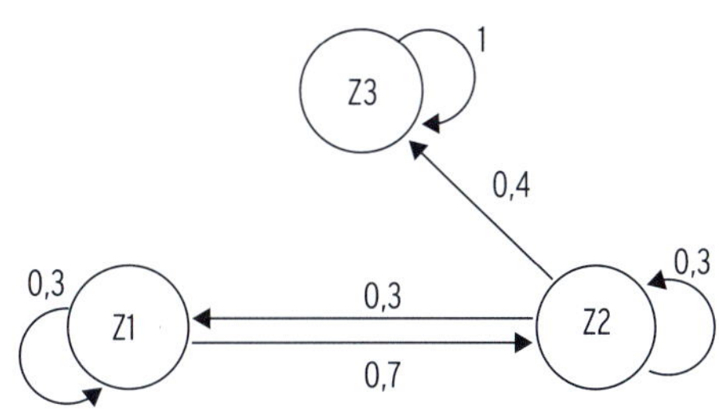

Ein Computerspiel hat drei Spielstufen Z1 bis Z3. Der Spieler beginnt in Z1.
Das Prozessdiagramm beschreibt die Zustandsverteilung.

a) Geben Sie die Übergangsmatrix an. Beschreiben Sie die Zustände Z1 bis Z3.

b) Zwei Spiele werden durchgeführt. Mit welcher Wahrscheinlichkeit
- erreicht der Spieler den absorbierenden Zustand?
- ist er nicht mehr in Z1?

Lösung

a) Übergangsmatrix: $A = \begin{pmatrix} 0{,}3 & 0{,}3 & 0 \\ 0{,}7 & 0{,}3 & 0 \\ 0 & 0{,}4 & 1 \end{pmatrix}$.

Von Zustand Z1 erreicht man mit einer Wahrscheinlichkeit von 0,7 den Zustand Z2.
Von Zustand Z2 erreicht man mit einer Wahrscheinlichkeit von 0,4 den Zustand Z3 und mit 0,3 wieder den Zustand Z1.
Hat man den Zustand Z3 erreicht, kann man diesen Zustand nicht mehr verlassen.
Den Zustand Z3 nennt man **absorbierend.**

b) Startvektor: $\vec{x}_0 = \begin{pmatrix} 1 \\ 0 \\ 0 \end{pmatrix}$.

Multiplikation mit A ergibt: $\begin{pmatrix} 0{,}3 & 0{,}3 & 0 \\ 0{,}7 & 0{,}3 & 0 \\ 0 & 0{,}4 & 1 \end{pmatrix} \cdot \begin{pmatrix} 1 \\ 0 \\ 0 \end{pmatrix} = \begin{pmatrix} 0{,}3 \\ 0{,}7 \\ 0 \end{pmatrix}$

Interpretation: Nach einem Spiel kann man Z3 nicht erreicht haben.

Multiplikation von $\begin{pmatrix} 0{,}3 \\ 0{,}7 \\ 0 \end{pmatrix}$ mit A ergibt: $\begin{pmatrix} 0{,}3 & 0{,}3 & 0 \\ 0{,}7 & 0{,}3 & 0 \\ 0 & 0{,}4 & 1 \end{pmatrix} \cdot \begin{pmatrix} 0{,}3 \\ 0{,}7 \\ 0 \end{pmatrix} = \begin{pmatrix} 0{,}3 \\ 0{,}42 \\ 0{,}28 \end{pmatrix}$

Interpretation: Nach zwei Spielen erreicht man Z3 (den absorbierenden Zustand) mit einer Wahrscheinlichkeit von 28 %.
Mit zwei Spielen erreicht man Z3 durch: $Z1 \xrightarrow{0{,}7} Z2 \xrightarrow{0{,}4} Z3$
Wahrscheinlichkeit: $0{,}7 \cdot 0{,}4 = 0{,}28$.
Nach zwei Spielen ist er nicht mehr in Z1 mit einer Wahrscheinlichkeit von $1 - 0{,}3 = 0{,}7$.

Ein Zustand, den man erreicht, heißt **absorbierend,** wenn man ihn nicht mehr verlassen kann. In einem **absorbierenden Zustand** verbleibt man mit der Wahrscheinlichkeit 1.

Beispiel 2

➲ In einer Geflügelfarm bricht eine Viruserkrankung aus, die für einen Teil der Tiere tödlich verläuft. Eine Forschungseinrichtung beobachtet den Krankheitsverlauf und modelliert diesen mittels einer Übergangstabelle (G: gesunde Tiere, K: kranke Tiere, T: gestorbene Tiere).

	G	K	T
G	0,3	0,1	0
K	0,7	0,7	0
T	0	0,2	1

a) Geben Sie die Übergangsmatrix an. Stellen Sie den zugehörigen Übergangsgraphen dar.

b) Aufgrund eines neu gewonnenen Impfstoffes stirbt kein Tier mehr. Die neue Situation findet sich im folgenden Übergangsgraphen wieder, wobei (W) für die wieder gesundeten, also jene, die die Krankheit einmal überstanden haben, steht.

0,8 G —0,2→ K —1→ W 1

Geben Sie die zugehörige Übergangsmatrix A_{neu} an.
Interpretieren Sie die gegenüber A veränderten Matrixelemente.

Lösung

a) $A = \begin{pmatrix} 0{,}3 & 0{,}1 & 0 \\ 0{,}7 & 0{,}7 & 0 \\ 0 & 0{,}2 & 1 \end{pmatrix}$

Übergangsgraph

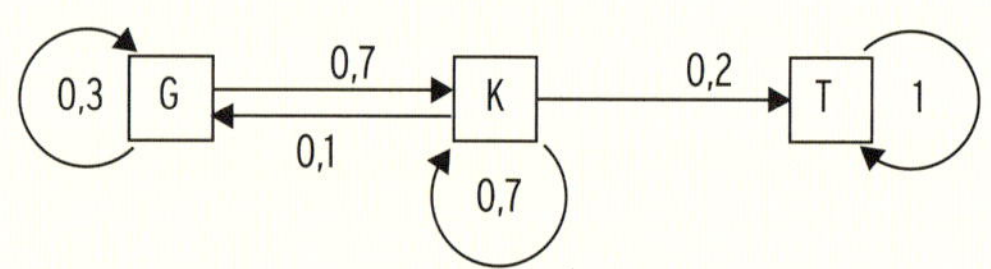

Der Zustand T ist absorbierend. Er wird erreicht, aber nicht mehr verlassen.

b) Übergangstabelle:

	G	K	W
G	0,8	0	0
K	0,2	0	0
W	0	1	1

Übergangsmatrix:

$A_{neu} = \begin{pmatrix} 0{,}8 & 0 & 0 \\ 0{,}2 & 0 & 0 \\ 0 & 1 & 1 \end{pmatrix}$

Dabei ist der Anteil der gesund bleibenden Hühner (G → G: 0,8 bzw. G → K: 0,2) deutlich gestiegen. Kein krankes Tier verbleibt im Krankheitszustand (K → K: 0), d. h., sie gesunden; alle krankenTiere (K → W: 1) werden wieder gesund - dieser Zustand unterscheidet sich aber vom ersten Zustand.

Der Zustand W ist **absorbierend.** Er wird erreicht, aber nicht mehr verlassen.
Der Zustand K ist **nicht absorbierend.** Er wird erreicht und wieder verlassen.

Aufgaben

1 Erläutern Sie: Die Übergangsmatrix $A = \begin{pmatrix} 1 & 0{,}2 & 0{,}1 \\ 0 & 0 & 0{,}9 \\ 0 & 0{,}8 & 0 \end{pmatrix}$ beschreibt einen stochastischen Prozess mit einem absorbierenden Zustand.
Zeichnen Sie ein Übergangsdiagramm für die Zustände Z1, Z2 und Z3.
Mit welcher Wahrscheinlichkeit wird von Z3 aus in zwei Schritten der Zustand Z1 erreicht?

2 Ein Käfer krabbelt auf einer Figur. Er beginnt in Zustand 1. Im Zustand 4 wartet ein Vogel, der den Käfer fressen wird. In den Zuständen 1, 2 und 3 wählt der Käfer den Weg zum nächsten Punkt mit den angegebenen Wahrscheinlichkeiten.

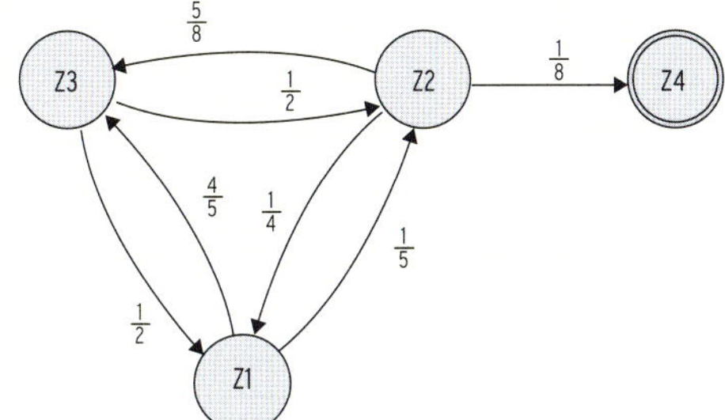

a) Stellen Sie eine Übergangsmatrix auf.
b) Entscheiden Sie, ob der stochastische Prozess einen absorbierenden Zustand hat.

3 Die Übergangsmatrix $A = \begin{pmatrix} 0{,}4 & 0{,}3 & 0 \\ 0{,}6 & 0{,}7 & 0 \\ 0 & 0 & 1 \end{pmatrix}$ beschreibt einen Prozess.
Begründen Sie, dass der Übergangsprozess keinen absorbierenden Zustand hat.

4 Ein Spiel verläuft nach dem nebenstehenden Prozessdiagramm.
Karl setzt 1 € ein und hört bei einem Guthaben von 3 € auf.

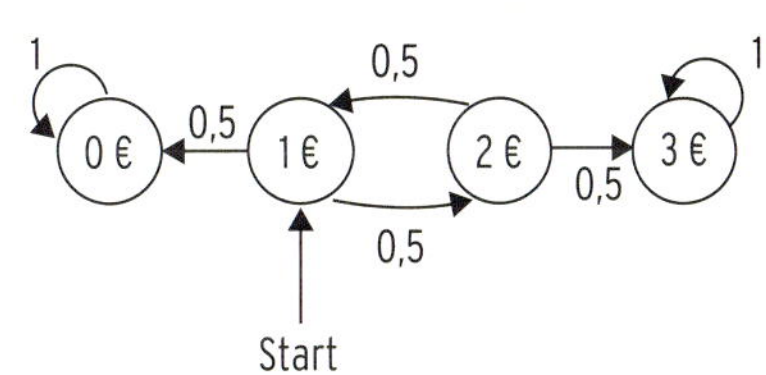

a) Erstellen Sie eine Übergangsmatrix. Kennzeichnen Sie absorbierende Zustände und geben Sie den Startvektor an.
b) Der Vektor $\vec{x}_2 = \begin{pmatrix} 0{,}5 \\ 0{,}25 \\ 0 \\ 0{,}25 \end{pmatrix}$ beschreibt die Verteilung nach 2 Übergängen. Interpretieren Sie.
c) Mit 4 Übergängen erreicht er einen absorbierenden Zustand. Geben Sie einen Pfad an und bestimmen Sie die zugehörige Wahrscheinlichkeit. Begründen Sie.

5 Zur Beschreibung der Ausbreitung einer Krankheit in einer Pinguinkolonie mit einem Modell teilen die Forscher die gesamte Population von 50 000 Pinguinen in drei Gruppen ein: Gesunde, Kranke und Tote.
Im Rahmen des Modells gilt der Zusammenhang $A \cdot \vec{x}_n = \vec{x}_{n+1}$ mit $A = \begin{pmatrix} 0{,}99 & 0{,}15 & 0 \\ 0{,}01 & 0{,}55 & 0 \\ 0 & 0{,}3 & 1 \end{pmatrix}$.
$\vec{x}_n$ beschreibt die Verteilung der Gesamtpopulation am Tag n.
Erstellen Sie den zu der Übergangsmatrix A gehörenden Übergangsgraphen.
Interpretieren Sie die Matrixeinträge 0,99; 0,3 und 1 im Sachkontext.

3 Zyklische Verteilungen

Beispiel 1

Bei einer Insektenart vollzieht sich die Entwicklung in einem 3-monatigen Zyklus. Insekten legen durchschnittlich 25 Eier und sterben danach. Aus den Eiern entwickeln sich innerhalb eines Monats 10 % zu Larven. Nur 40 % der Larven überleben den folgenden Monat und entwickeln sich zu Insekten, die wiederum 25 Eier legen.

a) Zeichnen Sie ein Entwicklungsdiagramm und geben Sie die Übergangsmatrix an.

b) Wie entwickelt sich eine Startpopulation von 1000 Eiern, 240 Larven und 30 Insekten im Laufe eines Zyklus?

c) Wie entwickelt sich die Population aus **b)**, wenn die Überlebensraten gleich bleiben und
- sich die Vermehrungsrate durch ein günstiges Klima auf 50 erhöht bzw.
- die Vermehrungsrate auf 20 sinkt?

Lösung

a) Entwicklungsdiagramm (Ablaufplan für einen Entwicklungszyklus):

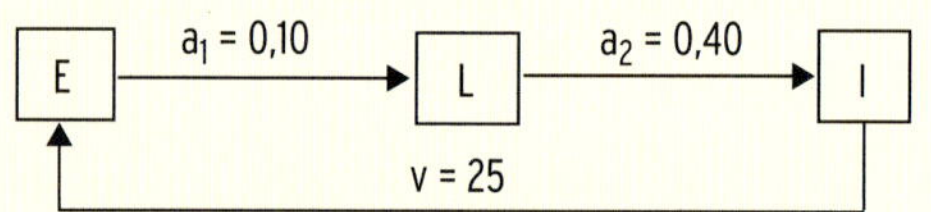

Hinweis: a_1 und a_2 sind **Überlebensraten**, v ist die **Vermehrungsrate.**

Darstellung des Übergangsverhaltens in Tabellenform:

zu \ von	E	L	I
E	0	0	25
L	0,10	0	0
I	0	0,40	0

Erläuterung: Aus Eiern (E) entwickeln sich nur Larven (L), aus L nur Insekten (I), aus I nur E.

Aus der Tabelle erhält man die Übergangsmatrix:

$$A = \begin{pmatrix} 0 & 0 & 25 \\ 0,10 & 0 & 0 \\ 0 & 0,40 & 0 \end{pmatrix}.$$

b) Mit der Startpopulation $\vec{x}_0 = \begin{pmatrix} 1000 \\ 240 \\ 30 \end{pmatrix}$ erhält man die Population $\vec{x}_1$ nach einem Monat:

$$\vec{x}_1 = A \cdot \vec{x}_0 = \begin{pmatrix} 0 & 0 & 25 \\ 0,10 & 0 & 0 \\ 0 & 0,40 & 0 \end{pmatrix} \cdot \begin{pmatrix} 1000 \\ 240 \\ 30 \end{pmatrix} = \begin{pmatrix} 750 \\ 100 \\ 96 \end{pmatrix}$$

Aus 1000 E entwickeln sich **0,10** · 1000 = 100 L, aus 240 L entwickeln sich **0,40** · 240 = 96 I, 30 I legen **25** · 30 = 750 E.

Population $\vec{x}_2$ nach 2 Monaten: $\vec{x}_2 = A \cdot \vec{x}_1 = \begin{pmatrix} 2400 \\ 75 \\ 40 \end{pmatrix}$

Population $\vec{x}_3$ nach 3 Monaten: $\vec{x}_3 = A \cdot \vec{x}_2 = \begin{pmatrix} 1000 \\ 240 \\ 30 \end{pmatrix} = \vec{x}_0$

Die Population entwickelt sich **zyklisch.** In einem **Zyklus** von 3 Monaten stellt sich die Startpopulation wieder ein. Ist das Produkt aus Überlebensraten und Vermehrungsrate gleich 1 ($a_1 \cdot a_2 \cdot v$ = **0,10 · 0,40 · 25** = 1), so entwickelt sich die Population zyklisch.

Hinweis: 100 E $\xrightarrow{0,10}$ 10 L $\xrightarrow{0,40}$ 4 I $\xrightarrow{25}$ 100 E

Erläuterungen: Aus $\vec{x}_2 = A \cdot \vec{x}_1$ folgt mit $\vec{x}_1 = A \cdot \vec{x}_0$: $\vec{x}_2 = A \cdot A \cdot \vec{x}_0 = A^2 \cdot \vec{x}_0$.

Ebenso gilt $\vec{x}_3 = A^3 \cdot \vec{x}_0$.

$$A = \begin{pmatrix} 0 & 0 & 25 \\ 0{,}10 & 0 & 0 \\ 0 & 0{,}40 & 0 \end{pmatrix};\quad A^2 = \begin{pmatrix} 0 & 10 & 0 \\ 0 & 0 & 2{,}5 \\ 0{,}04 & 0 & 0 \end{pmatrix};\quad A^3 = \begin{pmatrix} 1 & 0 & 0 \\ 0 & 1 & 0 \\ 0 & 0 & 1 \end{pmatrix} = E$$

Bei einem **dreimonatigen** Zyklus gilt $A^3 = E$ (Einheitsmatrix) wegen $a_1 \cdot a_2 \cdot v = 1$.
Das **Produkt aus Überlebensraten und Vermehrungsrate** ist gleich 1.
Daher gilt: $\vec{x}_3 = A^3 \cdot \vec{x}_0 = E \cdot \vec{x}_0 = \vec{x}_0$.

Hinweis: Gilt $A^3 = E$, so reproduziert sich **jede** Population mit der Übergangsmatrix A nach 3 Monaten. A ist eine **zyklische** Matrix.

Jede (Start-) Population, z. B. $\vec{x}_0 = \begin{pmatrix} 1000 \\ 240 \\ 30 \end{pmatrix}$ oder auch $\vec{x}_1 = \begin{pmatrix} 750 \\ 100 \\ 96 \end{pmatrix}$, reproduziert sich nach drei Monaten.

c) Mit der neuen Übergangsmatrix $A^* = \begin{pmatrix} 0 & 0 & 50 \\ 0{,}10 & 0 & 0 \\ 0 & 0{,}40 & 0 \end{pmatrix}$ folgt für $A^{*3} = \begin{pmatrix} 2 & 0 & 0 \\ 0 & 2 & 0 \\ 0 & 0 & 2 \end{pmatrix}$.

Für die Population nach 3 Monaten erhält man $\vec{x}_3 = A^{*3} \cdot \vec{x}_0 = \begin{pmatrix} 2000 \\ 480 \\ 60 \end{pmatrix}$.

Die Ausgangspopulation verdoppelt sich alle 3 Monate.
Das Wachstum ist unbegrenzt.
$a_1 \cdot a_2 \cdot v = 2$ bedeutet eine Vermehrung um 100 %.

Mit der neuen Übergangsmatrix $A^{**} = \begin{pmatrix} 0 & 0 & 20 \\ 0{,}10 & 0 & 0 \\ 0 & 0{,}40 & 0 \end{pmatrix}$ folgt für $A^{**3} = \begin{pmatrix} 0{,}8 & 0 & 0 \\ 0 & 0{,}8 & 0 \\ 0 & 0 & 0{,}8 \end{pmatrix}$.

Für die Population nach 3 Monaten erhält man $\vec{x}_3 = A^{**3} \cdot \vec{x}_0 = \begin{pmatrix} 800 \\ 192 \\ 24 \end{pmatrix}$.

Die Ausgangspopulation hat sich in 3 Monaten auf 80 % verringert.
Die Population stirbt aus.
$a_1 \cdot a_2 \cdot v = 0{,}8$ bedeutet eine Abnahme um 20 % in 3 Monaten.

Eine Matrix A heißt **zyklisch,** wenn $A^n = E$ für $n > 1$ ist, d. h., eine Population reproduziert sich mit der Zykluslänge n.
Eine **Populationsentwicklung** wird durch die Übergangsmatrix

$$A = \begin{pmatrix} 0 & 0 & v \\ a_1 & 0 & 0 \\ 0 & a_2 & 0 \end{pmatrix}$$

beschrieben. Dabei sind a_1 und a_2 die **Überlebensraten** und v die **Vermehrungsrate.**

Gilt
- $a_1 \cdot a_2 \cdot v < 1$, stirbt die Population aus.
- $a_1 \cdot a_2 \cdot v = 1$, entwickelt sich die Population zyklisch (Zykluslänge n = 3).
- $a_1 \cdot a_2 \cdot v > 1$, nimmt die Population zu.

Beispiel 2

Bei einer Tierart werden drei Altersstufen (Jungtiere T_1, ausgewachsene Tiere T_2 und Alttiere T_3) unterschieden. Die jährlichen Änderungen lassen sich durch folgende Übergangsmatrix beschreiben: $A = \begin{pmatrix} 0 & 0 & 10 \\ 0,5 & 0 & 0 \\ 0 & 0,2 & 0 \end{pmatrix}$.

a) Zeichnen Sie einen Übergangsgraphen und erläutern Sie die Bedeutung der Zahlen 0,2; 0,5 und 10. Beschreibt A einen zyklischen Prozess?
Wenn ja, bestimmen Sie den Zyklus.

b) Bestimmen Sie zur Vermehrungsrate 6 die Überlebensraten so, dass
- sich eine beliebige Population nach 3 Jahren reproduziert. Prüfen Sie Ihr Ergebnis für eine Verteilung von 600 Tieren in T_1, 300 Tieren in T_2 und 100 Tieren in T_3.
- eine beliebige Population nach 3 Jahren um 40 % abgenommen hat.

c) Gibt es eine Verteilung, die sich jährlich reproduziert?

d) Die jährliche Entwicklung hat sich aufgrund von Umwelteinflüssen geändert und lässt sich durch die Übergangsmatrix $A_1 = \begin{pmatrix} 0 & 5 & 10 \\ 0,5 & 0 & 0 \\ 0 & 0,2 & 0 \end{pmatrix}$ beschreiben. Beschreiben Sie den Unterschied zum Übergangsprozess, der durch A beschrieben wird.

Lösung

a) Übergangsgraph:

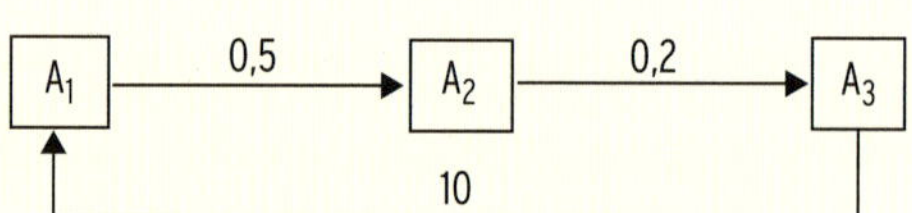

Erläuterung: $a_1 = 0,5$; $a_2 = 0,2$ sind Überlebensraten, $v = 10$ ist die Vermehrungsrate.

Aus $a_1 \cdot a_2 \cdot v = 0,5 \cdot 0,2 \cdot 10 = 1$

folgt: A beschreibt einen zyklischen Prozess mit n = 3. In einem Zyklus von 3 Jahren stellt sich also wieder die Ausgangspopulation ein.

Bestätigung: $A^2 = \begin{pmatrix} 0 & 2 & 0 \\ 0 & 0 & 5 \\ 0,1 & 0 & 0 \end{pmatrix}$ und $A^3 = \begin{pmatrix} 1 & 0 & 0 \\ 0 & 1 & 0 \\ 0 & 0 & 1 \end{pmatrix} = E$

A ist eine zyklische Matrix mit n = 3.

b) • Aus v = 6 und der Bedingung $a_1 \cdot a_2 \cdot v = 1$ ergibt sich z. B.: $a_1 = \frac{1}{3}$; $a_2 = \frac{1}{2}$.

Mit $A^* = \begin{pmatrix} 0 & 0 & 6 \\ \frac{1}{3} & 0 & 0 \\ 0 & \frac{1}{2} & 0 \end{pmatrix}$ und $\vec{x}_0 = \begin{pmatrix} 600 \\ 300 \\ 100 \end{pmatrix}$ erhält man nach 3 Jahren:

$\vec{x}_1 = A^* \cdot \vec{x}_0$; $\vec{x}_2 = A^* \cdot \vec{x}_1$; $\vec{x}_3 = A^* \cdot \vec{x}_2$

Multiplikation mit A* ergibt: $\vec{x}_1 = \begin{pmatrix} 600 \\ 200 \\ 150 \end{pmatrix}$; $\vec{x}_2 = \begin{pmatrix} 900 \\ 200 \\ 100 \end{pmatrix}$; $\vec{x}_3 = \begin{pmatrix} 600 \\ 300 \\ 100 \end{pmatrix} = \vec{x}_0$

• Aus v = 6 und der Bedingung $a_1 \cdot a_2 \cdot 6 = 0,6$ ergibt sich z. B.: $a_1 = \frac{1}{5}$; $a_2 = \frac{1}{2}$.

Hinweis: $A^* = \begin{pmatrix} 0 & 0 & 6 \\ \frac{1}{3} & 0 & 0 \\ 0 & \frac{1}{2} & 0 \end{pmatrix}$ ist eine zyklische, $A^{**} = \begin{pmatrix} 0 & 0 & 6 \\ \frac{1}{5} & 0 & 0 \\ 0 & \frac{1}{2} & 0 \end{pmatrix}$ ist keine zyklische Matrix.

c) Für die stationäre Verteilung gilt: $A \cdot \vec{x} = \vec{x}$

Mit der Population $\vec{x} = \begin{pmatrix} x \\ y \\ z \end{pmatrix}$ erhält man aus $A \cdot \vec{x} = \vec{x}$, also $\begin{pmatrix} 0 & 0 & 10 \\ 0{,}5 & 0 & 0 \\ 0 & 0{,}2 & 0 \end{pmatrix} \cdot \begin{pmatrix} x \\ y \\ z \end{pmatrix} = \begin{pmatrix} x \\ y \\ z \end{pmatrix}$

ein LGS: $10z = x$ (1) $0{,}5x = y$ (2) $0{,}2y = z$ (3)

Einsetzen von (1) in (2) ergibt: $y = 5z$ (identisch mit (3)).

Lösung: $x = 10z;\ y = 5z;\ z$

Damit sind x und y Vielfache von z und der Lösungsvektor lautet $z\begin{pmatrix} 10 \\ 5 \\ 1 \end{pmatrix}$.

Damit bleibt z. B. für z = 100 die Population von 1000 Jungtiere T_1, 500 ausgewachsene Tiere T_2 und 100 Alttiere T_3 unverändert.
Die Verteilung von 1000 Tieren in T_1, 500 Tieren in T_2 und 100 Tieren in T_3 ist eine stationäre Verteilung.

Z. B. für z = 5 ist $\vec{x} = \begin{pmatrix} 50 \\ 25 \\ 5 \end{pmatrix}$ eine stationäre Verteilung.

Hinweis: Wegen $a_1 \cdot a_2 \cdot v = 0{,}5 \cdot 0{,}2 \cdot 10 = 1$ reproduziert sich jede Verteilung nach 3 Jahren. Spezielle Populationen reproduzieren sich bereits nach einem Jahr (**stationäre** Verteilungen).

d) Bei dieser Tierart sind ausgewachsene Tiere A_2 und Alttiere A_3 fortpflanzungsfähig.

Aufgaben

1 Das folgende Modell beschreibt die Entwicklung eines Käfers: Aus den Eiern schlüpfen nach einem Monat Larven, nach einem weiteren Monat werden diese zu Käfern, die nach einem Monat Eier legen und dann sterben. Aus einem Viertel der Eier werden Larven. Von den Larven wird die Hälfte zu Käfern, die andere Hälfte stirbt. Jeder Käfer legt 8 Eier.

a) Stellen Sie das beschriebene Modell mit einem Graphen dar und bestätigen Sie die Prozessmatrix $A = \begin{pmatrix} 0 & 0 & 8 \\ 0{,}25 & 0 & 0 \\ 0 & 0{,}5 & 0 \end{pmatrix}$. Wie entwickelt sich die Population von 40 Eiern, 40 Larven und 40 Käfern nach einem Monat?

b) Bestimmen Sie einen Anfangsbestand, der nach einem Monat unverändert ist.

c) Bestimmen Sie für die Populationsmatrix A die Potenzen A^2 und A^3.
Interpretieren Sie diesen Sachverhalt im Kontext der Population.

2 Zeigen Sie: Die Matrix $A = \begin{pmatrix} 0 & 0 & 0 & 80 \\ 0{,}25 & 0 & 0 & 0 \\ 0 & 0{,}25 & 0 & 0 \\ 0 & 0 & 0{,}2 & 0 \end{pmatrix}$ ist zyklisch für n = 4.

3 Bestimmen die die Populationsmatrix A.
Ist A zyklisch? Begründen Sie.

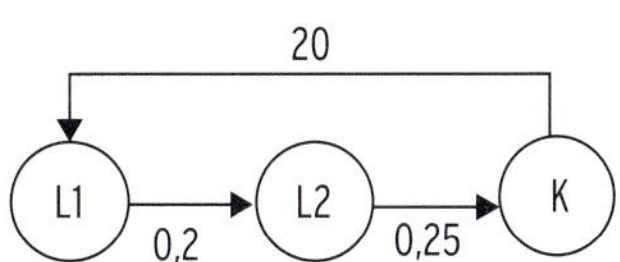

4 Die Übergangsmatrix $A = \begin{pmatrix} 0 & 0 & 30 \\ 0{,}3 & 0 & 0 \\ 0 & b & 0 \end{pmatrix}$ beschreibt die jährliche Änderung einer Population.

a) Wie entwickelt sich für b = 0,2 ein Anfangsbestand von $\begin{pmatrix} 300 \\ 250 \\ 40 \end{pmatrix}$ im Laufe von drei Jahren? Interpretieren Sie die Entwicklung.

b) Für welches b reproduziert sich eine beliebige Startpopulation nach 3 Jahren? Für welches b nimmt eine beliebige Startpopulation nach 3 Jahren um 20 % zu?

5 Bei einer Tierart werden drei Altersstufen (Jungtiere A_1, ausgewachsene Tiere A_2 und Alttiere A_3) unterschieden. Das Prozessdiagramm beschreibt die jährlichen Veränderungen einer Population dieser Tierart.

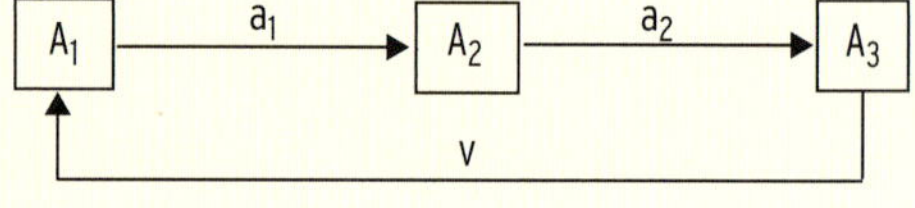

a) Bestimmen Sie die Übergangsmatrix A für $a_1 = 0{,}5$, $a_2 = 0{,}1$ und $v = 20$. Zeigen Sie, dass A zyklisch ist für n = 3.

b) Bestimmen Sie eine Altersverteilung von insgesamt 310 Tieren, die sich jährlich reproduziert.

c) Die jährliche Entwicklung lässt sich durch die Übergangsmatrix $A^* = \begin{pmatrix} 0 & 15 & 10 \\ 0{,}4 & 0 & 0 \\ 0 & 0{,}2 & 0 \end{pmatrix}$ beschreiben. Beschreiben Sie den Unterschied zu a).

6 Fischzüchter haben sich über die Entwicklung der Fische informiert und Folgendes in Erfahrung gebracht: Nur die Altfische (A) legen Eier, aus denen sich ein Teil im ersten Jahr zu Jungfischen (J) entwickelt. Jeder Altfisch erzeugt auf diesem Wege im Durchschnitt 45 Jungfische. Aus 10 % der Jungfische werden im zweiten Jahr Fische mittleren Alters (M), der Rest verstirbt oder wird gefressen. Die Überlebensrate der Fische mittleren Alters beträgt 20 %. Diese werden im darauf folgenden Jahr Altfische, die nach der Eiablage abgefischt werden. Die Übergangsmatrix hat die Form $A = \begin{pmatrix} 0 & 0 & v \\ a_1 & 0 & 0 \\ 0 & a_2 & 0 \end{pmatrix}$.

a) Zeichnen Sie ein Übergangsdiagramm mit den entsprechenden Zahlenwerten.

b) Die Züchter setzen im ersten Jahr 5000 Jungfische und 1000 Fische mittleren Alters aus. Bestätigen Sie, dass der Bestand nach drei Jahren aus 4500 Jungfischen, 900 Fischen mittleren Alters und 0 Altfischen besteht.

c) Dieser Bestand (4500 J, 900 M, 0 A) soll als Startpopulation gelten. Ermitteln Sie A^3 für die Fischpopulation und bestimmen Sie mit deren Hilfe den Bestand nach 3 und nach 6 Jahren. Interpretieren Sie Ihre Ergebnisse hinsichtlich der langfristigen Entwicklung der Population.

d) Nach einigen Jahren befinden sich 3870 Jungfische, 215 Fische mittleren Alters und 86 Altfische im Teich. Ermitteln Sie die Vorjahrespopulation.

e) Die Vermehrungsrate v der Altfische soll gesteigert werden. Ermitteln Sie, bei welcher Vermehrungsrate v die Startpopulation im 3-Jahres-Zyklus stabil bleiben würde.

f) Die Übergangsmatrix hat sich geändert zu $A^* = \begin{pmatrix} 0 & 0 & 45 \\ 0{,}1 & 0 & 0 \\ 0 & 0{,}2 & 0{,}5 \end{pmatrix}$. Erläutern Sie.

Vermischte Aufgaben

1 Drei Wochenzeitschriften Z_1, Z_2 und Z_3 beherrschen den Zeitschriftenmarkt einer Kleinstadt. Das Diagramm beschreibt das monatliche Wechselverhalten der Leser.

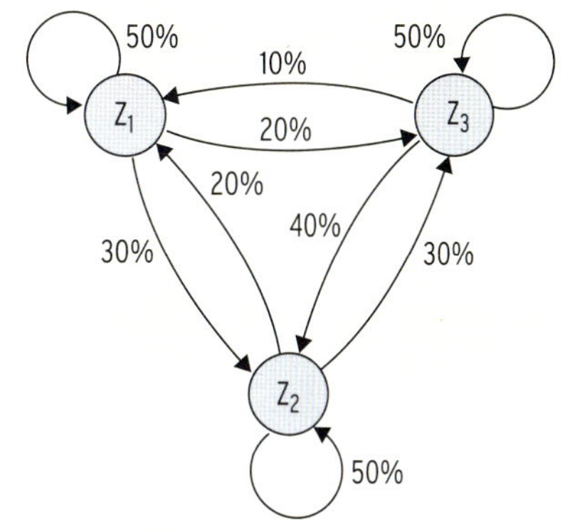

a) Erstellen Sie die Übergangsmatrix A für einen Monat und interpretieren Sie die Elemente der 2. Spalte.

b) Eine aktuelle Markterhebung hat ergeben, dass sich die Marktanteile der drei Zeitschriften wie 1 : 1 : 3 verhalten. Berechnen Sie die voraussichtlichen Marktanteile der drei Zeitschriften nach einem Monat und nach 2 Monaten.

c) Die Grenzmatrix lautet $G = \frac{1}{55}\begin{pmatrix} 13 & 13 & 13 \\ 23 & 23 & 23 \\ 19 & 19 & 19 \end{pmatrix}$.

Bestimmen Sie die langfristige Verteilung der Marktanteile auf 1 Dezimale gerundet.

2 Beim Vergleich zweier aufeinanderfolgender Landtagswahlen ergibt sich folgende prozentuale Wählerwanderung:

	von Partei C	von Partei S	von Nichtwähler
an Partei C	70 %	10 %	40 %
an Partei S	20 %	80 %	20 %
an Nichtwähler	10 %	10 %	40 %

Diese Wählerwanderung bei zwei aufeinanderfolgenden Landtagswahlen wird für die folgenden Fragen als konstant vorausgesetzt.

a) Bei einer Landtagswahl haben 45 % der Wahlberechtigten die Partei C und 35 % der Wahlberechtigten die Partei S gewählt. 20 % der Wahlberechtigten waren Nichtwähler. Wie viel Prozent der Wahlberechtigten werden bei der darauffolgenden Landtagswahl die Partei C bzw. die Partei S wählen?

b) Es wird Folgendes angenommen: Bei zwei aufeinanderfolgenden Landtagswahlen ändert sich der Anteil der Nichtwähler an den Wahlberechtigten nicht, und auch das Wahlergebnis der beiden Parteien bleibt konstant.
Wie viel Prozent der Wahlberechtigten wählen dann die Partei C bzw. die Partei S?
Wie viel Prozent der Wahlberechtigten sind dann Nichtwähler?

3 Zeigen Sie: $A = \begin{pmatrix} 0 & 0 & 50 \\ 0{,}1 & 0 & 0 \\ 0 & 0{,}2 & 0 \end{pmatrix}$ ist eine zyklische Matrix mit einem Zyklus von n = 3.

4 In einer Population von 100 Individuen vererbt jedes Individuum auf seinen einzigen Nachkommen ein bestimmtes Merkmal in den Ausprägungen 1, 2 oder 3.

Die Übergangsmatrix für diese Vererbung lautet: $A = \begin{pmatrix} 0{,}2 & 0{,}1 & 0 \\ 0{,}8 & 0{,}5 & 0{,}2 \\ 0 & 0{,}4 & 0{,}8 \end{pmatrix}$.

Dabei bedeuten z. B. die Einträge in der ersten Spalte der Matrix:
Von den Individuen mit Merkmalsausprägung 1 haben 20 % einen Nachkommen mit Ausprägung 1, 80 % einen Nachkommen mit Ausprägung 2 und keines einen Nachkommen mit Ausprägung 3.
Geben Sie eine Verteilung der Merkmalsausprägungen an, die in allen nachfolgenden Generationen stabil bleibt.

5 Die Grenzmatrix einer Verteilung ist gegeben durch $G = \begin{pmatrix} 0{,}25 & 0{,}25 & 0{,}25 \\ 0{,}35 & 0{,}35 & 0{,}35 \\ 0{,}40 & 0{,}40 & 0{,}40 \end{pmatrix}$.

Berechnen Sie $G \cdot \begin{pmatrix} 800 \\ 700 \\ 600 \end{pmatrix}$.

Interpretieren Sie Ihr Ergebnis.

6 Die Entwicklung einer Säugetierart wird durch die Matrix $A = \begin{pmatrix} 0 & 0 & 2 \\ k & 0 & 0 \\ 0 & 0{,}8 & 0 \end{pmatrix}$ beschrieben. Zu Beginn wird in einem Nationalpark die Population $\vec{x}_0 = \begin{pmatrix} 40 \\ 20 \\ 25 \end{pmatrix}$ gezählt.

a) Zeichnen Sie einen Übergangsgraph für die Überlebensrate $k = 0{,}625$. Bestimmen Sie die Populationsentwicklung für die ersten drei Zeitschritte. Warum verläuft diese Entwicklung zyklisch? Welche maximale Anzahl an Säugetieren dieser Art bevölkert den Park?

b) Durch Änderungen der Umweltbedingungen wird $k = 0{,}7$. Wie entwickelt sich die Population jetzt langfristig? Welche Population beobachtet man nach sechs Zeitschritten?

c) Der Nationalpark kann maximal 110 Tiere dieser Art beherbergen. Nach welcher Zeit müssen Gegenmaßnahmen ergriffen werden?

7 Ein Insekt legt 10 Eier. 40% der Eier werden in der Entwicklungsphase zerstört. Aus den übrigen Eiern entstehen Larven, von denen aber nur $16\frac{2}{3}$ % zu Insekten werden.
Bestimmen Sie die Übergangsmatrix.
Aufgrund genetischer Veränderungen wurde in letzter Zeit festgestellt, dass sich mehr Larven zu Insekten entwickeln. Die Rate ist um 8 % gestiegen. Bestimmen Sie die veränderte Übergangsmatrix.

8 Drei Autobauer A, B und C bringen aufgrund neuer Umweltvorschriften nahezu gleichzeitig einen neuen umweltfreundlichen Kleinwagen auf den Markt. Bisher waren die Marktanteile auf dem Kleinwagensektor wie folgt verteilt: A 40 %, B 30 % und C 30 %. Die Einführung der neuen Modelle bewirkt, dass 80 % der Käufer von A bei A bleiben, während 15 % der Käufer von A zu B und 5 % zu C wechseln. B behält 85 % seines Marktanteils, gibt aber an A 5 % und an C 10 % seines Marktanteils ab. C behält 60 % seines Marktanteils und gibt an A und an B jeweils 20 % seines Marktanteils ab.

a) Geben Sie die Verkaufszahlen für den Monat vor der Einführung der neuen Modelle an, wenn insgesamt 1,2 Mio. neue Autos in diesem Monat am Markt verkauft wurden.

b) Berechnen Sie die Verteilung der Marktanteile nach Einführung der neuen Modelle.

c) Langfristig wird den Autokäufern ein stabiles Wechselverhalten unterstellt. Untersuchen Sie, welcher der folgenden Vektoren die stationäre Verteilung (auf 2 Dezimalen gerundet) beschreibt:

$\vec{x} = \begin{pmatrix} 0{,}35 \\ 0{,}45 \\ 0{,}30 \end{pmatrix}$; $\vec{y} = \begin{pmatrix} 0{,}50 \\ 0{,}30 \\ 0{,}20 \end{pmatrix}$; $\vec{z} = \begin{pmatrix} 0{,}30 \\ 0{,}53 \\ 0{,}17 \end{pmatrix}$.

Begründen Sie Ihr Ergebnis.

9 Der Kiosk verkauft täglich 75 Exemplare von zwei Tageszeitungen V und W. Dabei bleiben 70 % der V-Leser und 80 % der W-Leser ihrer Zeitung treu.

a) Bestimmen Sie die Übergangsmatrix.

b) Am Dienstag werden 40 V-Zeitungen verkauft. Bestimmen Sie die Verkaufszahlen der beiden Zeitungen für Montag und für Mittwoch.

c) Die Matrizenmultiplikation liefert $A^{20} = \begin{pmatrix} 0{,}40 & 0{,}40 \\ 0{,}60 & 0{,}60 \end{pmatrix}$. Welche Bedeutung haben die Matrixelemente für die Verkaufszahlen der beiden Tageszeitungen? Bestätigen Sie ihre Vermutung durch Berechnung des Fixvektors mithilfe eines LGS.

d) Ein Zeitschriftenverlag plant die Einführung einer dritten Tageszeitung T. Eine Marktanalyse ergab, dass je 10 % der Leser von V und W die neue Tageszeitung bevorzugen, aber auch einige der Wechselleser die neue Tageszeitung kaufen.

Ergänzen Sie die fehlenden Elemente der Übergangsmatrix $A^* = \begin{pmatrix} 0,\ldots & 0{,}15 & 0{,}2 \\ 0{,}25 & 0,\ldots & 0{,}1 \\ 0,\ldots & 0,\ldots & 0,\ldots \end{pmatrix}$.

Vor der Einführung kaufen 40 % der Leser die Zeitung V, 60 % die Zeitung W. Hat die neue Zeitung nach zwei Tagen einen Marktanteil von 15 %? Begründen Sie.

Test zur Überprüfung Ihrer Grundkenntnisse

1 Vervollständigen Sie das Diagramm. Bestimmen Sie die Übergangsmatrix.

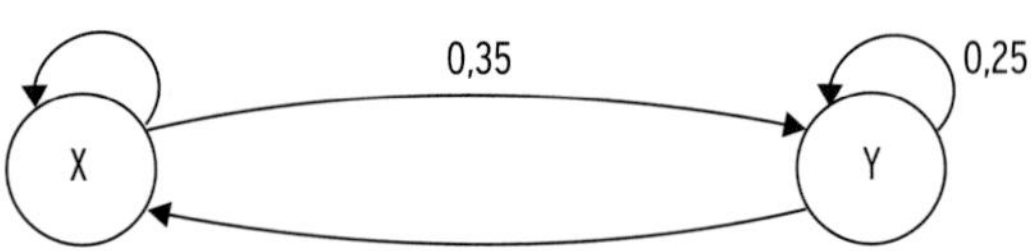

2 Gegeben ist die Übergangsmatrix $A = \begin{pmatrix} 0{,}7 & 0{,}1 & 0{,}05 \\ 0{,}1 & 0{,}8 & 0{,}05 \\ 0{,}2 & 0{,}1 & 0{,}9 \end{pmatrix}$.

Zeichnen Sie einen Übergangsgraph. Bestimmen Sie die Verteilung $\vec{x}_1$ für den Startvektor $\vec{x}_0 = \begin{pmatrix} 100 \\ 80 \\ 200 \end{pmatrix}$.

3 Die Bewohner einer Stadt können zwischen drei Frisörsalons F, N und V wählen. Der nebenstehende Graph gibt das Wahlverhalten der Bewohner von einem Besuch zum nächsten an.
Es soll davon ausgegangen werden, dass die Gesamtanzahl der Frisörbesuche konstant bleibt.

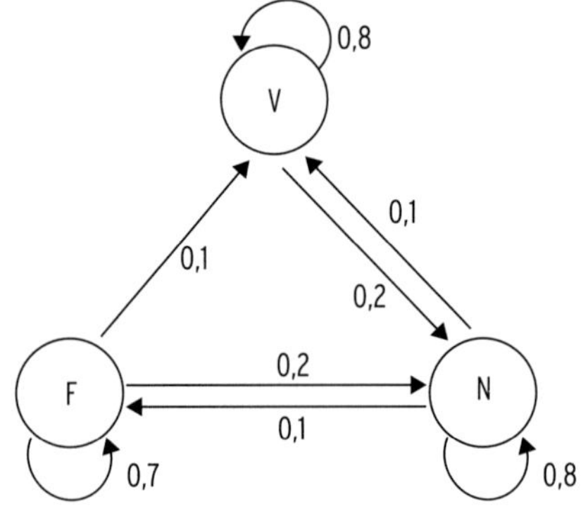

a) Geben Sie die in der zugehörigen Übergangsmatrix A fehlenden Werte an:

$$A = \begin{pmatrix} \square & 0{,}1 & \square \\ 0{,}2 & 0{,}8 & 0{,}2 \\ \square & 0{,}1 & \square \end{pmatrix}$$

b) Geben Sie den Wert d der Matrix $A^2 = \begin{pmatrix} a & b & c \\ d & e & f \\ g & h & i \end{pmatrix}$ an.
Interpretieren Sie diesen Wert.

4 Die Populationsentwicklung einer Tierart wird durch die Matrix $A = \begin{pmatrix} 0 & 0 & 8 \\ 0{,}5 & 0 & 0 \\ 0 & 0{,}25 & 0 \end{pmatrix}$ beschrieben.

a) Zeichnen Sie den Übergangsgraphen und beschreiben Sie diesen Graphen aus biologischer Sicht.

b) Zeigen Sie, dass es eine Population gibt, die sich jährlich wiederholt.
Bestimmen Sie die Altersverteilung in dieser stationären Population, wenn sie insgesamt 2600 Tiere umfasst.

4 Lösungen: Aufgaben - Test

Lösungen der Aufgaben

Lehrbuch Seite 16

1 a) Stochastische Matrix: nein, ein Element ist negativ

b) Stochastische Matrix: nein, Summe der 3. Spalte < 1

c) Stochastische Matrix: nein, nicht quadratisch

d) Stochastische Matrix: ja, quadratisch, Spaltensumme = 1

2 In einem Zeitabschnitt findet folgendes Wechselverhalten statt:

25 % der Teilchen im Energiezustand I bleiben im Energiezustand I; 25 % der Teilchen wechseln in den Energiezustand II; 50 % der Teilchen wechseln in den Energiezustand III;

100 % der Teilchen im Energiezustand II wechseln in den Energiezustand III

25 % der Teilchen im Energiezustand III bleiben im Energiezustand III; 25 % der Teilchen wechseln in den Energiezustand I; 50 % wechseln in den Energiezustand II.

Lehrbuch Seite 17

3 $A = \begin{pmatrix} 0{,}8 & 0{,}1 & 0{,}1 \\ 0{,}2 & 0{,}7 & 0{,}2 \\ 0 & 0{,}2 & 0{,}7 \end{pmatrix}$ Startvektor: $\vec{x} = \begin{pmatrix} \frac{1}{3} \\ \frac{1}{2} \\ \frac{1}{6} \end{pmatrix}$ oder auch $\vec{x} = \begin{pmatrix} 0{,}333 \\ 0{,}500 \\ 0{,}167 \end{pmatrix}$

Stimmverteilung: $A \cdot \vec{x} = \begin{pmatrix} 0{,}333 \\ 0{,}450 \\ 0{,}217 \end{pmatrix}$

Erwartete Stimmverteilung nach der nächsten Wahl :

33,3 % P1, 45 % P2 und 21,7 % P3

4 Übergangsmatrix $A = \begin{pmatrix} 0{,}5 & 0{,}5 & 0{,}5 \\ 0{,}25 & 0{,}5 & 0 \\ 0{,}25 & 0 & 0{,}5 \end{pmatrix}$ Startvektor: $\vec{x}_0 = \begin{pmatrix} 4000 \\ 4000 \\ 4000 \end{pmatrix}$

Verteilung nach einem Jahr: $A \cdot \vec{x}_0 = \begin{pmatrix} 6000 \\ 3000 \\ 3000 \end{pmatrix}$

Verteilung nach zwei Jahren: $A \cdot \begin{pmatrix} 6000 \\ 3000 \\ 3000 \end{pmatrix} = \begin{pmatrix} 6000 \\ 3000 \\ 3000 \end{pmatrix}$

Die Elemente der Matrix A^2 besagen, wie groß die Wahrscheinlichkeit ist, dass z. B. nach zwei Kreuzungen aus der Blütenfarbe pink die Blütenfarbe pink, rot oder weiß wird.

Lehrbuch Seite 17

5 4500 Haushalte.

a) Übergangsmatrix $A = \begin{pmatrix} 0,4 & 0,2 & 0,1 \\ 0,5 & 0,7 & 0,5 \\ 0,1 & 0,1 & 0,4 \end{pmatrix}$

Startvektor (Jahr 2020) $\vec{x}_0 = \begin{pmatrix} 2000 \\ 1500 \\ 1000 \end{pmatrix}$

Jahr 2021: $A \cdot \vec{x}_0 = \begin{pmatrix} 2000 \\ 1500 \\ 1000 \end{pmatrix} = \begin{pmatrix} 1200 \\ 2550 \\ 750 \end{pmatrix}$

b) Die Kunden von G1 zeigen mehr Kundentreue als die von G4, da $0,7 > 0,4$

$A = \begin{pmatrix} 0,7 & 0,3 & 0,3 \\ 0,1 & 0,6 & 0,3 \\ 0,2 & 0,1 & 0,4 \end{pmatrix}$

Startvektor $\vec{x}_{2019} = \begin{pmatrix} 700 \\ 400 \\ 300 \end{pmatrix}$: $A \cdot \vec{x}_{2019} = \vec{x}_{2020} = \begin{pmatrix} 700 \\ 400 \\ 300 \end{pmatrix}$

Die Verteilung bleibt gleich, es liegt eine stabile Verteilung vor.

Gesucht ist das Element von A^2 in der 1. Spalte und der 3. Zeile:

$(0,2\ \ 0,1\ \ 0,4) \begin{pmatrix} 0,7 \\ 0,1 \\ 0,2 \end{pmatrix} = 0,23 = 23\%$

Lehrbuch Seite 22

1 Die Summe der abgehenden Wahrscheinlichkeiten ist 1.

Somit gehört zum unteren Pfeil 0,8.

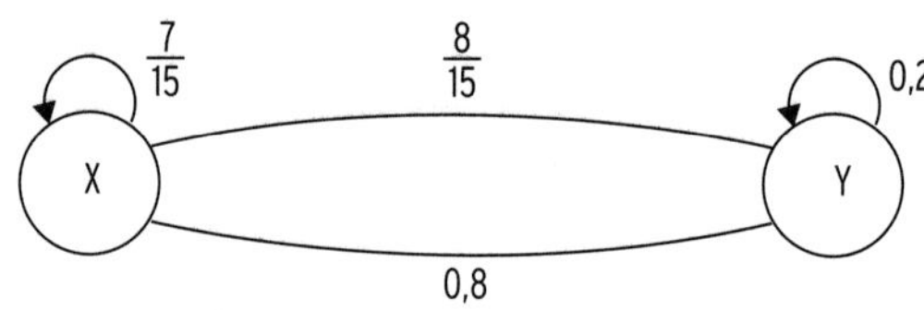

Ansatz für die Übergangsmatrix:

$A = \begin{pmatrix} b & 0,8 \\ 1-b & 0,2 \end{pmatrix}$

Mit dem Fixvektor $\vec{x} = \begin{pmatrix} 0,6 \\ 0,4 \end{pmatrix}$

muss gelten: $\begin{pmatrix} b & 0,8 \\ 1-b & 0,2 \end{pmatrix} \begin{pmatrix} 0,6 \\ 0,4 \end{pmatrix} = \begin{pmatrix} 0,6 \\ 0,4 \end{pmatrix}$

$0,6b + 0,32 = 0,6$ und $(1 - b)0,6 + 0,08 = 0,4$ ergibt $b = \frac{7}{15}$

Übergangsmatrix $A = \begin{pmatrix} \frac{7}{15} & \frac{4}{5} \\ \frac{8}{15} & \frac{1}{5} \end{pmatrix}$

Lehrbuch Seite 22

2 a) $g = 1 - \frac{16}{45} - \frac{6}{45} = \frac{23}{45}$

b) $G \cdot \begin{pmatrix} 450 \\ 0 \\ 0 \end{pmatrix} = \begin{pmatrix} 160 \\ 230 \\ 60 \end{pmatrix}$ $\quad G \cdot \begin{pmatrix} 250 \\ 100 \\ 100 \end{pmatrix} = \begin{pmatrix} 160 \\ 230 \\ 60 \end{pmatrix}$

Bezogen auf 450: $160 = \frac{16}{45} \cdot 450$; $230 = \frac{23}{45} \cdot 450$; $60 = \frac{6}{45} \cdot 450$;

$\begin{pmatrix} 160 \\ 230 \\ 60 \end{pmatrix}$ bzw. $\begin{pmatrix} \frac{16}{45} \\ \frac{23}{45} \\ \frac{6}{45} \end{pmatrix}$ ist die langfristige Verteilung.

Lehrbuch Seite 23

3 a) Übergangsmatrix $A = \begin{pmatrix} 0{,}5 & 0{,}25 & 0{,}2 \\ 0{,}25 & 0{,}5 & 0 \\ 0{,}25 & 0{,}25 & 0{,}8 \end{pmatrix}$

b) Anfangsverteilung $\vec{x}_0 = \begin{pmatrix} 500 \\ 250 \\ 250 \end{pmatrix}$

Bedingung für die Verteilung der Vorwoche: $A\vec{x}_{-1} = \vec{x}_0 \quad \Leftrightarrow \quad \vec{x}_{-1} = \begin{pmatrix} 1000 \\ 0 \\ 0 \end{pmatrix}$

Verteilung der 1. Folgewoche: $A\vec{x}_0 = \vec{x}_1 \quad \vec{x}_1 = \begin{pmatrix} 362{,}5 \\ 250 \\ 387{,}5 \end{pmatrix}$

In der Folgewoche hat die Waschanlage W1 voraussichtlich etwa 363 Kunden,

W2 250 Kunden und W3 etwa 387 Kunden.
(Gesamtzahl: 1000 Kunden)

c) Stabile Verteilung $A \cdot \vec{x} = \vec{x}$

ergibt $\vec{x} = \begin{pmatrix} 0{,}296 \\ 0{,}148 \\ 0{,}556 \end{pmatrix}$ und damit die Grenzmatrix $G = \begin{pmatrix} 0{,}296 & 0{,}296 & 0{,}296 \\ 0{,}148 & 0{,}148 & 0{,}148 \\ 0{,}556 & 0{,}556 & 0{,}556 \end{pmatrix}$

Langfristige Verteilung $G \begin{pmatrix} 500 \\ 250 \\ 250 \end{pmatrix} = \begin{pmatrix} 296 \\ 148 \\ 556 \end{pmatrix}$

oder $G \cdot \begin{pmatrix} 1000 \\ 0 \\ 0 \end{pmatrix} = \begin{pmatrix} 296 \\ 148 \\ 556 \end{pmatrix}$

Langfristig waschen etwa 296 Autofahrer ihr Fahrzeug in der Anlage W1,

148 in W2 und 556 in W3.

Dies ist unabhängig von der Anfangsverteilung.

Lehrbuch Seite 23

4 $A = \begin{pmatrix} 0 & 0{,}4 & 0{,}5 \\ 0{,}6 & 0 & 0{,}5 \\ 0{,}4 & 0{,}6 & 0 \end{pmatrix}$

a) Es muss gelten: $A \cdot \vec{x} = \vec{x}$ $\quad A \cdot \begin{pmatrix} 175 \\ 200 \\ 190 \end{pmatrix} = \begin{pmatrix} 175 \\ 200 \\ 190 \end{pmatrix}$

Marktanteil von V2: $\frac{200}{565} = 35{,}4\ \%$

b) $A^2 = \begin{pmatrix} 0{,}44 & 0{,}3 & 0{,}2 \\ 0{,}2 & 0{,}54 & 0{,}3 \\ 0{,}36 & 0{,}16 & 0{,}5 \end{pmatrix}$ Anfangsverteilung: $\begin{pmatrix} 1 \\ 0 \\ 0 \end{pmatrix}$

Verteilung nach zweimaligem Kauf: $A^2 \begin{pmatrix} 1 \\ 0 \\ 0 \end{pmatrix} = \begin{pmatrix} 0{,}44 \\ 0{,}2 \\ 0{,}36 \end{pmatrix}$

Die Marktanteile nach zweimaligem Kauf liegen bei 44 % für V1,

20 % für V2 und 36 % für V3.

Die 2. Spalte von A^2 sagt aus: $1 - 0{,}54 = 46\ \%$ kaufen nicht mehr V2

c) Ansatz: $A = \begin{pmatrix} 0 & x & 0{,}5 \\ 0{,}6 & y & 0{,}5 \\ 0{,}4 & z & 0 \end{pmatrix} \begin{pmatrix} 0{,}25 \\ 0{,}5 \\ 0{,}25 \end{pmatrix} = \begin{pmatrix} 0{,}25 \\ 0{,}5 \\ 0{,}25 \end{pmatrix}$

Lösung: $x = 0{,}25$; $y = 0{,}45$; $z = 0{,}3$

Die Kunden von Vollwaschmittel V2 wechseln nach jedem Kauf zu 25 % zu V1,

45 % bleiben bei V2 und 30 % wechseln zu V3.

5 $A = \begin{pmatrix} 0{,}6 & 0{,}1 & 0{,}2 \\ 0{,}3 & 0{,}8 & 0{,}3 \\ 0{,}1 & 0{,}1 & 0{,}5 \end{pmatrix} \cdot \begin{pmatrix} 0{,}5 \\ 0{,}3 \\ 0{,}2 \end{pmatrix} = \begin{pmatrix} 0{,}37 \\ 0{,}45 \\ 0{,}18 \end{pmatrix}$

nicht am Standort Y abgestellt: $1 - 0{,}45 = 0{,}55 = 55\ \%$

Es muss gelten: $A \cdot \vec{x} = \vec{x} = \begin{pmatrix} x \\ y \\ z \end{pmatrix}$

$$0{,}6x + 0{,}1y + 0{,}2z = x$$
$$0{,}3x + 0{,}8y + 0{,}3z = y$$
$$0{,}1x + 0{,}1y + 0{,}5z = z$$
$$x + y + z = 1$$

Das LGS hat die Lösung $x = \frac{7}{30}$; $y = \frac{3}{5}$ und $z = \frac{1}{6}$

Sinnvolle Verteilung (Stationäre Verteilung): 7 Autos in X, 18 in Y und 5 in Z.

Hinweis: Mit $x + y + z = 30$ erhält man $x = 7$, $y = 18$ und $z = 5$.

Lehrbuch Seite 24

6 Verteilung nach einer Woche $A \begin{pmatrix} 0,4 \\ 0,4 \\ 0,2 \end{pmatrix} = \begin{pmatrix} 0,34 \\ 0,30 \\ 0,36 \end{pmatrix}$

34 % für Supermarkt S1, 30 % für S2 und 36 % für S3

Ansatz für eine langfristige Verteilung $A \cdot \begin{pmatrix} x \\ y \\ z \end{pmatrix} = \begin{pmatrix} x \\ y \\ z \end{pmatrix}$ und $x + y + z = 1$

Einsetzen ergibt ein LGS für x, y, z:

$$\begin{aligned} -0,2x \quad\quad + 0,1z &= 0 \\ -0,3y + 0,1z &= 0 \\ 0,2x + 0,3y - 0,2z &= 0 \\ x + y + z &= 1 \end{aligned}$$

Das LGS hat die Lösung $x = \frac{3}{11}, y = \frac{2}{11}, z = \frac{6}{11}$

Marktanteil von Supermarkt S1: 27,3 %; S2: 18,2 %; S3: 54,5 %

(stationäre Verteilung)

Nein, da eine stationäre Verteilung nicht von der Anfangsverteilung abhängt.

7 a) b = 0,85; a = 0,90; c = 0,75 Übergangsmatrix $A = \begin{pmatrix} 0,85 & 0,15 & 0,05 \\ 0,05 & 0,75 & 0,05 \\ 0,1 & 0,1 & 0,9 \end{pmatrix}$

a) Anfangsverteilung $\vec{x} = \begin{pmatrix} 0,4 \\ 0,2 \\ 0,4 \end{pmatrix}$

Verteilung

nach einem Monat: $A \cdot \vec{x} = \begin{pmatrix} 0,39 \\ 0,19 \\ 0,42 \end{pmatrix}$

nach zwei Monaten: $A \cdot \begin{pmatrix} 0,39 \\ 0,19 \\ 0,42 \end{pmatrix} = \begin{pmatrix} 0,381 \\ 0,183 \\ 0,436 \end{pmatrix}$ Nur der Wert 38,1 % ist verlangt.

Damit ist die Behauptung bestätigt.

b) Ansatz für eine langfristige Verteilung $A \cdot \begin{pmatrix} x \\ y \\ z \end{pmatrix} = \begin{pmatrix} x \\ y \\ z \end{pmatrix}$ und $x + y + z = 1$

Einsetzen ergibt ein LGS für x, y, z:

$$\begin{aligned} 0,85x + 0,15y + 0,05z &= x \\ 0,05x + 0,75y + 0,05z &= y \\ 0,1x + 0,1y + 0,9z &= z \\ x + y + z &= 1 \end{aligned}$$

Das LGS hat die Lösung $x = \frac{1}{3}, y = \frac{1}{6}, z = \frac{1}{2}$

Firma U3 kann sich mit 50 % Marktanteil als Marktführer fühlen.

Lehrbuch Seite 24

8 a) Übergangsdiagramm:

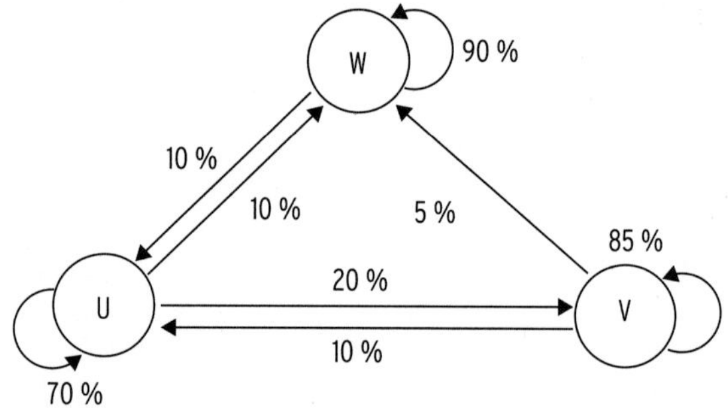

Verteilung nach den ersten Jahr:

$$A \cdot \begin{pmatrix} 1200 \\ 0 \\ 0 \end{pmatrix} = \begin{pmatrix} 0{,}7 & 0{,}1 & 0{,}1 \\ 0{,}2 & 0{,}85 & 0 \\ 0{,}1 & 0{,}05 & 0{,}9 \end{pmatrix} \cdot \begin{pmatrix} 1200 \\ 0 \\ 0 \end{pmatrix} = \begin{pmatrix} 840 \\ 240 \\ 120 \end{pmatrix}$$

Verteilung auf die drei Standorte:

U 840 Mitarbeiter; V 240 und W 120 Mitarbeiter.

b) Ansatz für eine langfristige Verteilung $A \cdot \begin{pmatrix} x \\ y \\ z \end{pmatrix} = \begin{pmatrix} x \\ y \\ z \end{pmatrix}$ und $x + y + z = 1200$

Einsetzen ergibt ein LGS für x, y, z:

$$\begin{aligned} -0{,}3x + 0{,}1y + 0{,}1z &= 0 \\ 0{,}2x - 0{,}15y &= 0 \\ 0{,}1x + 0{,}05y - 0{,}1z &= 0 \\ x + y + z &= 1200 \end{aligned}$$

Das LGS hat die Lösung $x = 300$, $y = 400$, $z = 500$

Hinweis: Mit $x + y + z = 1$ erhält man $x = \frac{1}{4}$; $y = \frac{1}{3}$; $z = \frac{5}{12}$

Für die stationären Verteilung auf die drei Standorte gilt:

U 300 Mitarbeiter, V 400 und W 500 Mitarbeiter

c) Jeder Spaltenvektor der Grenzmatrix entspricht der stationären Verteilung. Da alle Spalten gleich sind, kann man davon ausgehen, dass etwa 25 %, also etwa 300 Mitarbeiter am Standort U arbeiten werden; 33 %, also etwa 396 Mitarbeiter werden am Standort V und 42 %, also etwa 504 am Standort W arbeiten.

Die Differenz deutet daraufhin, dass die Werte der Grenzmatrix auf 2 Dezimalen gerundet sind.

Exakte Werte in einer Spalte sind: $\frac{1}{4}; \frac{1}{3}; \frac{5}{12}$

$G \cdot \begin{pmatrix} \frac{1}{4} \\ \frac{1}{3} \\ \frac{5}{12} \end{pmatrix} = \begin{pmatrix} \frac{1}{4} \\ \frac{1}{3} \\ \frac{5}{12} \end{pmatrix}$; d. h. $\begin{pmatrix} \frac{1}{4} \\ \frac{1}{3} \\ \frac{5}{12} \end{pmatrix}$ ist die Grenzverteilung; G ist die Grenzmatrix.

Lehrbuch Seite 27

1 $A = \begin{pmatrix} 1 & 0{,}2 & 0{,}1 \\ 0 & 0 & 0{,}9 \\ 0 & 0{,}8 & 0 \end{pmatrix}$

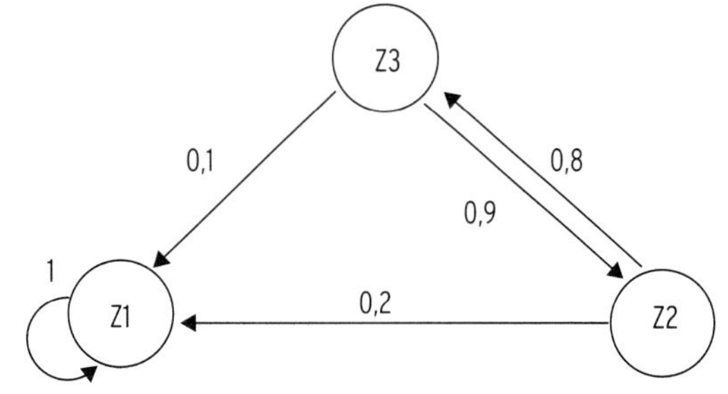

absorbierender Zustand Z1

Z3 → Z2 → Z1

p = 0,9 · 0,2 = 0,18

2 a) Übergangsmatrix $A = \begin{pmatrix} 0 & 0{,}25 & 0{,}5 & 0 \\ 0{,}2 & 0 & 0{,}5 & 0 \\ 0{,}8 & 0{,}625 & 0 & 0 \\ 0 & 0{,}125 & 0 & 1 \end{pmatrix}$

b) Zustand 4 ist absorbierend, er wird erreicht, aber dann nicht mehr verlassen.

3 Zustand 3 ist nicht absorbierend, er wird nicht erreicht.
Die Wahrscheinlickeit für einen Übergang in den Zustand 3 ist jeweils 0.

4 a) Übergangsmatrix von Zustand 0 € nach Zustand 1 €, 2€, 3€

$A = \begin{pmatrix} 1 & 0{,}5 & 0 & 0 \\ 0 & 0 & 0{,}5 & 0 \\ 0 & 0{,}5 & 0 & 0 \\ 0 & 0 & 0{,}5 & 1 \end{pmatrix}$ Startvektor: $\begin{pmatrix} 0 \\ 1 \\ 0 \\ 0 \end{pmatrix}$

Zustand 0 € und Zustand 3€ sind absorbierend, sie werden erreicht, aber dann nicht mehr verlassen.

b) Nach 2 Übergängen hat Karl mit einer Wahrscheinlichkeit von 0,5 kein Geld mehr, mit 0,25 hat er 1 € und mit 0,25 hat er 3 €.
Hinweis:
Karl hat mit einer Wahrscheinlichkeit von 0,5 bereits nach einem Übergang kein Geld mehr.

c) Möglicher Pfad zu Zustand 3 €: 1 → 2 → 1 → 2 → 3
Wahrscheinlichkeit: $0{,}5^4 = 6{,}25\ \%$
Auf seinem Pfad können nur Zustand 1 € und Zustand 2 € als innere Zustände vorkommen.

Lehrbuch Seite 27

5 Übergangsgraph:

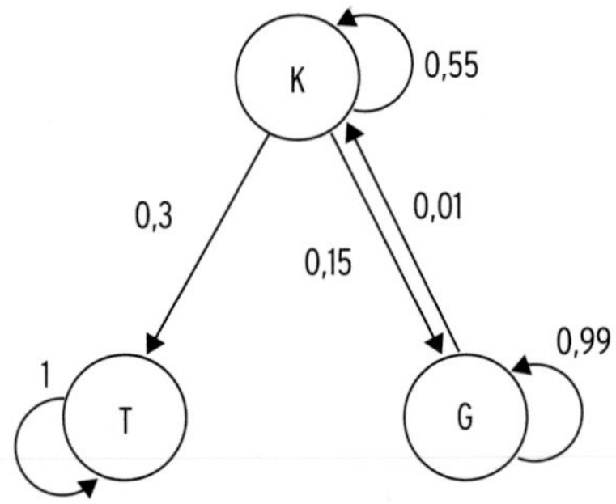

0,99: 99 % der gesunden Tiere bleiben gesund.

0,30: 30 % der kranken Tiere sterben.

1 (100 %) Tot bleibt tot.

Lehrbuch Seite 31

1 a) Übergangsdiagramm

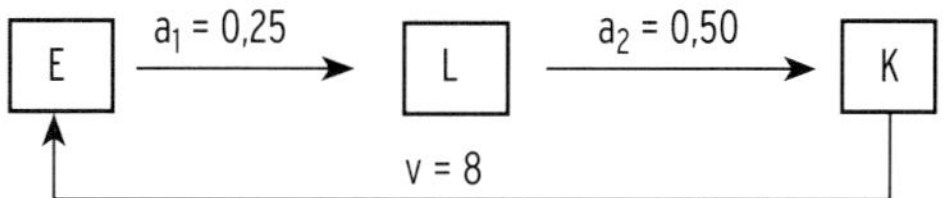

Aus 25 % der Eier werden

Larven L, aus 50 % L werden

Käfer (K). Jeder K legt 8 Eier (E).

$A \cdot \begin{pmatrix} 40 \\ 40 \\ 40 \end{pmatrix} = \begin{pmatrix} 320 \\ 10 \\ 20 \end{pmatrix}$ Population: 320 E, 10 L und 20 K

b) $A \cdot \begin{pmatrix} x \\ y \\ z \end{pmatrix} = \begin{pmatrix} x \\ y \\ z \end{pmatrix}$ ergibt $8z = x$ $\quad 0{,}25x = y$ $\quad 0{,}5y = z$ $(y = 2z)$

Einsetzen von $8z = x$ in $0{,}25x = y$: $\quad y = 2z$

Lösung: $\quad x = 8z;\ y = 2z;\ z$

Damit sind x und y Vielfache von z; Lösungsvektor $\begin{pmatrix} x \\ y \\ z \end{pmatrix} = z \cdot \begin{pmatrix} 8 \\ 2 \\ 1 \end{pmatrix}$.

Mögliche stationäre Verteilungen: 8 E; 2 L und 1 K oder 64 E; 16 L und 8 K

c) $A^2 = \begin{pmatrix} 0 & 4 & 0 \\ 0 & 0 & 2 \\ 0{,}125 & 0 & 0 \end{pmatrix}$ $\quad A^3 = E$ $\quad$ A ist zyklisch mit n = 3

$a_1 \cdot a_2 \cdot v = 0{,}25 \cdot 0{,}5 \cdot 8 = 1$

Nach 3 Monaten stellt sich die gleiche Population wieder ein.

Hinweis: Jede Population reproduziert sich in 3 Monaten; aber es gibt auch

Populationen, z. B. $\begin{pmatrix} 8 \\ 2 \\ 1 \end{pmatrix}$, die sich jeden Monat reproduzieren.

2 $A = \begin{pmatrix} 0 & 0 & 0 & 80 \\ 0{,}25 & 0 & 0 & 0 \\ 0 & 0{,}25 & 0 & 0 \\ 0 & 0 & 0{,}2 & 0 \end{pmatrix}$; $A^2 = \begin{pmatrix} 0 & 0 & 16 & 0 \\ 0 & 0 & 0 & 20 \\ 0{,}0625 & 0 & 0 & 0 \\ 0 & 0{,}05 & 0 & 0 \end{pmatrix}$

$A^2 \cdot A^2 = A^4 = \begin{pmatrix} 1 & 0 & 0 & 0 \\ 0 & 1 & 0 & 0 \\ 0 & 0 & 1 & 0 \\ 0 & 0 & 0 & 1 \end{pmatrix} = E$

oder: $0{,}25 \cdot 0{,}25 \cdot 0{,}2 \cdot 80 = 1$

3 $A = \begin{pmatrix} 0 & 0 & 20 \\ 0{,}2 & 0 & 0 \\ 0 & 0{,}25 & 0 \end{pmatrix}$ $\quad a_1 \cdot a_2 \cdot v = 0{,}2 \cdot 0{,}25 \cdot 20 = 1$ $\quad$ A ist zyklisch

Lehrbuch Seite 32

4 a) Mit b = 0,2: $A = \begin{pmatrix} 0 & 0 & 30 \\ 0{,}3 & 0 & 0 \\ 0 & 0{,}2 & 0 \end{pmatrix}$

Anfangsbestand $\vec{x}_0 = \begin{pmatrix} 300 \\ 250 \\ 40 \end{pmatrix}$

Verteilung nach einem Jahr: $\vec{x}_1 = A \begin{pmatrix} 300 \\ 250 \\ 40 \end{pmatrix} = \begin{pmatrix} 1200 \\ 90 \\ 50 \end{pmatrix}$

Nach zwei Jahren: $\vec{x}_2 = A^2 \vec{x}_0 = \begin{pmatrix} 1500 \\ 360 \\ 18 \end{pmatrix}$ oder mit $A\vec{x}_1 = \begin{pmatrix} 1500 \\ 360 \\ 18 \end{pmatrix}$

nach drei Jahren: $\vec{x}_3 = A^3 \vec{x}_0 = \begin{pmatrix} 540 \\ 450 \\ 72 \end{pmatrix}$ oder mit $A\vec{x}_2 = \begin{pmatrix} 540 \\ 450 \\ 72 \end{pmatrix}$

Interpretation: Es ist kein zyklischen Verhalten zu erkennen.

b) Bedingung für b: $0{,}3 \cdot b \cdot 30 = 1$ für $b = \frac{1}{9}$

oder:

mit $A = \begin{pmatrix} 0 & 0 & 30 \\ 0{,}3 & 0 & 0 \\ 0 & b & 0 \end{pmatrix}$: zu zeigen: $A^3 = E$

$A^2 = \begin{pmatrix} 0 & 30b & 0 \\ 0 & 0 & 9 \\ 0{,}3b & 0 & 0 \end{pmatrix}$; $A^3 = \begin{pmatrix} 9b & 0 & 0 \\ 0 & 9b & 0 \\ 0 & 0 & 9b \end{pmatrix} = E$ für $b = \frac{1}{9}$

Für $b = \frac{1}{9}$ reproduziert sich eine beliebige Startpopulation nach 3 Jahren.

Lehrbuch Seite 32

5 a) $A = \begin{pmatrix} 0 & 0 & 20 \\ 0{,}5 & 0 & 0 \\ 0 & 0{,}1 & 0 \end{pmatrix}$ $a_1 \cdot a_2 \cdot v = 0{,}5 \cdot 0{,}1 \cdot 20 = 1$ A ist zyklisch

Zu zeigen: n = 3 wegen $A^3 = E$

$A^2 = \begin{pmatrix} 0 & 2 & 0 \\ 0 & 0 & 10 \\ 0{,}05 & 0 & 0 \end{pmatrix}$; $A^3 = E$

b) $A \cdot \begin{pmatrix} x \\ y \\ z \end{pmatrix} = \begin{pmatrix} x \\ y \\ z \end{pmatrix}$ und $x + y + z = 310$ ergibt $20z = x$ $0{,}5x = y$ $0{,}1y = z$ $(y = 10z)$

Einsetzen von $20z = x$ in $0{,}5x = y$: $y = 10z$

Lösung: $x = 20z;\ y = 10z;\ z$

Damit sind x und y Vielfache von z ;

Lösungsvektor $\begin{pmatrix} x \\ y \\ z \end{pmatrix} = z \cdot \begin{pmatrix} 20 \\ 10 \\ 1 \end{pmatrix}$.

Für $x + y + z = 310$ erhält man die Verteilung (200; 100; 10).

Sie reproduziert sich jährlich.

c) Überlebensrate $a_1 = 0{,}4$; $a_2 = 0{,}2$

Vermehrungsrate $v_1 = 15$; $v_2 = 10$

Bei dieser Tierart sind ausgewachsene Tiere A_2 und Alttiere A_3 fortpflanzungsfähig.

Lehrbuch Seite 32

6 a) Übergangsdiagramm

b) Anfangsbestand $\vec{x}_0 = \begin{pmatrix} 5000 \\ 1000 \\ 0 \end{pmatrix}$

Verteilung nach einem Jahr: $\vec{x}_1 = A \cdot \begin{pmatrix} 5000 \\ 1000 \\ 0 \end{pmatrix} = \begin{pmatrix} 0 \\ 500 \\ 200 \end{pmatrix}$

nach zwei Jahren: $\vec{x}_2 = A\,\vec{x}_1 = \begin{pmatrix} 9000 \\ 0 \\ 100 \end{pmatrix}$

nach drei Jahren: $\vec{x}_3 = A\,\vec{x}_2 = \begin{pmatrix} 4500 \\ 900 \\ 0 \end{pmatrix}$

Nach drei Jahren existieren 4500 Jungfische, 900 Fische mittleren Alters und keine Altfische.

Oder:

Aus $a_1 \cdot a_2 \cdot v = 0{,}1 \cdot 0{,}2 \cdot 45 = 0{,}9$ folgt $A^3 = 0{,}9\,E$ und damit:

$\vec{x}_3 = A^3\,\vec{x}_0 = 0{,}9\,E \cdot \vec{x}_0 = 0{,}9 \cdot \vec{x}_0 = \begin{pmatrix} 4500 \\ 900 \\ 0 \end{pmatrix}$

c) Aus $a_1 \cdot a_2 \cdot v = 0{,}1 \cdot 0{,}2 \cdot 45 = 0{,}9$ folgt $A^3 = 0{,}9\,E$

Daraus ergibt sich für die Startpopulation $\vec{x}_0 = \begin{pmatrix} 4500 \\ 900 \\ 0 \end{pmatrix}$:

Verteilung nach 3 Jahren: $\vec{x}_3 = 0{,}9 \begin{pmatrix} 4500 \\ 900 \\ 0 \end{pmatrix} = \begin{pmatrix} 4050 \\ 810 \\ 0 \end{pmatrix}$

Verteilung nach 6 Jahren: $\vec{x}_6 = 0{,}9 \begin{pmatrix} 4050 \\ 810 \\ 0 \end{pmatrix} = \begin{pmatrix} 3645 \\ 729 \\ 0 \end{pmatrix}$

Der Fischbestand nimmt ab.

(Alle 3 Jahre um 10 %.)

Lehrbuch Seite 32

6 d) Ansatz: $A \cdot \begin{pmatrix} x \\ y \\ z \end{pmatrix} = \begin{pmatrix} 3870 \\ 215 \\ 86 \end{pmatrix}$

ergibt das LGS $45z = 3870$

$0{,}1x = 215$

$0{,}2y = 86$

Lösung des LGS liefert:

Anzahl der Altfische: $z = 86$

Anzahl der Fische mittleren Alters: $y = 430$

Anzahl der Jungfische: $x = 2150$

e) Stationäre Verteilung für $a_1 \cdot a_2 \cdot v = 1$; $0{,}1 \cdot 0{,}2 \cdot v = 1$

$v = 50$

Bei einer Vermehrungsrate von 50 Jungfischen pro Altfisch würde der Bestand im 3-Jahres-Zyklus stabil bleiben.

f) Von den Altfischen überleben 50 % und verbleiben in ihrer Klasse.

Lehrbuch Seite 33

1 a) Übergangsmatrix A für einen Monat: $A = \begin{pmatrix} 0{,}5 & 0{,}2 & 0{,}1 \\ 0{,}3 & 0{,}5 & 0{,}4 \\ 0{,}2 & 0{,}3 & 0{,}5 \end{pmatrix}$

Die Leser der Zeitschrift Z2 bleiben mit einer Wahrscheinlichkeit von 50 % der Zeitschrift treu, 20 % kaufen nächstes mal die Zeitschrift Z1 und 30 % die Zeitschrift Z3.

b) Anfangsverteilung $\vec{x}_0 = \begin{pmatrix} 0{,}2 \\ 0{,}2 \\ 0{,}6 \end{pmatrix}$

Voraussichtliche Marktanteile der drei Zeitschriften nach

1 Monat : $A \begin{pmatrix} 0{,}2 \\ 0{,}2 \\ 0{,}6 \end{pmatrix} = \begin{pmatrix} 0{,}2 \\ 0{,}4 \\ 0{,}4 \end{pmatrix}$ 2 Monaten: $A \begin{pmatrix} 0{,}2 \\ 0{,}4 \\ 0{,}4 \end{pmatrix} = \begin{pmatrix} 0{,}22 \\ 0{,}42 \\ 0{,}36 \end{pmatrix}$

c) Jeder Spaltenvektor entspricht der langfristigen Verteilung:

$x_1 = \frac{13}{55} \approx 23{,}6\ \%$ $x_2 = \frac{23}{55} \approx 41{,}8\ \%$ $x_3 = \frac{19}{55} \approx 34{,}5\ \%$

Die stabile (stationäre) Verteilung ist etwa 23,6 % für Z_1, 41,8 % für Z_2 und 34,5 % für Z_3.

2 a) Übergangsmatrix $A = \begin{pmatrix} 0{,}7 & 0{,}1 & 0{,}4 \\ 0{,}2 & 0{,}8 & 0{,}2 \\ 0{,}1 & 0{,}1 & 0{,}4 \end{pmatrix}$

Voraussichtliche Verteilung: $A \begin{pmatrix} 0{,}45 \\ 0{,}35 \\ 0{,}2 \end{pmatrix} = \begin{pmatrix} 0{,}43 \\ 0{,}41 \\ 0{,}16 \end{pmatrix}$

Bei der darauffolgenden Landtagswahl werden 43 % die Partei C bzw. 41 % die Partei S wählen.

b) Der konstante Anteil der Wahlberechtigten für Partei C sei x_1 %, der konstante Anteil der Wahlberechtigten für Partei S sei x_2 %, der konstante Anteil der Nichtwähler sei x_3 % mit $x_1 + x_2 + x_3 = 100\ \%$

LGS: $0{,}7x_1 + 0{,}1x_2 + 0{,}4x_3 = x_1$ $\quad -0{,}3x_1 + 0{,}1x_2 + 0{,}4x_3 = 0$

$0{,}2x_1 + 0{,}8x_2 + 0{,}2x_3 = x_2$ umgeformt $0{,}2x_1 - 0{,}2x_2 + 0{,}2x_3 = 0$

$0{,}1x_1 + 0{,}1x_2 + 0{,}4x_3 = x_3$ $\quad 0{,}1x_1 + 0{,}1x_2 - 0{,}6x_3 = 0$

Lösung des homogenen LGS:

$$\left(\begin{array}{ccc|c} -0{,}3 & 0{,}1 & 0{,}4 & 0 \\ 0{,}2 & -0{,}2 & 0{,}2 & 0 \\ 0{,}1 & 0{,}1 & -0{,}6 & 0 \end{array}\right) \sim \left(\begin{array}{ccc|c} 1 & 0 & -2{,}5 & 0 \\ 0 & 1 & -3{,}5 & 0 \\ 0 & 0 & 0 & 0 \end{array}\right)$$

Lehrbuch Seite 33

2 b) Das LGS ist mehrdeutig lösbar mit $x_1 = 2{,}5r$; $x_2 = 3{,}5r$; $x_3 = r$

Mit $x_1 + x_2 + x_3 = 1$ erhält man $r = \frac{1}{7}$

Exakte Lösung $x_1 = \frac{25}{70} \approx 35{,}71\,\%$; $x_2 = \frac{35}{70} = 50\,\%$; $x_3 = \frac{10}{70} = 14{,}29\,\%$

Die Partei C erhält 35,71 %, Partei S erhält 50 % der Stimmen aller Wahlberechtigten, 14,29 % aller Wahlberechtigten sind Nichtwähler.

3 $A = \begin{pmatrix} 0 & 0 & 50 \\ 0{,}1 & 0 & 0 \\ 0 & 0{,}2 & 0 \end{pmatrix}$; $A^2 = \begin{pmatrix} 0 & 10 & 0 \\ 0 & 0 & 5 \\ 0{,}02 & 0 & 0 \end{pmatrix}$; $A^3 = \begin{pmatrix} 1 & 0 & 0 \\ 0 & 1 & 0 \\ 0 & 0 & 1 \end{pmatrix} = E$

A ist eine zyklische Matrix mit n = 3.

Lehrbuch Seite 34

4 $A = \begin{pmatrix} 0{,}2 & 0{,}1 & 0 \\ 0{,}8 & 0{,}5 & 0{,}2 \\ 0 & 0{,}4 & 0{,}8 \end{pmatrix}$ $\quad A \cdot \begin{pmatrix} x \\ y \\ z \end{pmatrix} = \begin{pmatrix} x \\ y \\ z \end{pmatrix}$ und $x + y + z = 1$

ergibt $0{,}2x + 0{,}1y = x$ $\quad 0{,}8x + 0{,}5y + 0{,}2z = y$ $\quad 0{,}4y + 0{,}8z = z$

$-0{,}8x + 0{,}1y = 0$ $\quad 0{,}8x - 0{,}5y + 0{,}2z = 0$ $\quad 0{,}4y - 0{,}2z = 0$

Mit $x + y + z = 1$ erhält man die Lösung: $x = 0{,}04$; $y = 0{,}32$; $z = 0{,}64$

Die Verteilung der Merkmalsausprägungen $\begin{pmatrix} 0{,}04 \\ 0{,}32 \\ 0{,}64 \end{pmatrix}$ bleibt in allen nachfolgenden Generationen stabil.

Hinweis: Zuerst das LGS aus 3 Gleichungen lösen und dann die Bedingung $x + y + z = 1$ durch Einsetzen verwenden.

5 Grenzmatrix $G = \begin{pmatrix} 0{,}25 & 0{,}25 & 0{,}25 \\ 0{,}35 & 0{,}35 & 0{,}35 \\ 0{,}40 & 0{,}40 & 0{,}40 \end{pmatrix}$

$G \cdot \begin{pmatrix} 800 \\ 700 \\ 600 \end{pmatrix} = \begin{pmatrix} 525 \\ 735 \\ 840 \end{pmatrix}$

Interpretation: Jede Spalte der Grenzmatrix beschreibt die langfristige Verteilung $\begin{pmatrix} 0{,}25 \\ 0{,}35 \\ 0{,}40 \end{pmatrix}$. Der Ergebnisvektor entspricht der langfristigen Verteilung für die Summe von 2100; z. B. sind 525 = 25 % von 2100

Lehrbuch Seite 34

6 $A = \begin{pmatrix} 0 & 0 & 2 \\ k & 0 & 0 \\ 0 & 0{,}8 & 0 \end{pmatrix}$ $x_0 = \begin{pmatrix} 40 \\ 20 \\ 25 \end{pmatrix}$

a) Übergangsgraph für k = 0,625

z.B. drei Altersstufen J, M, A

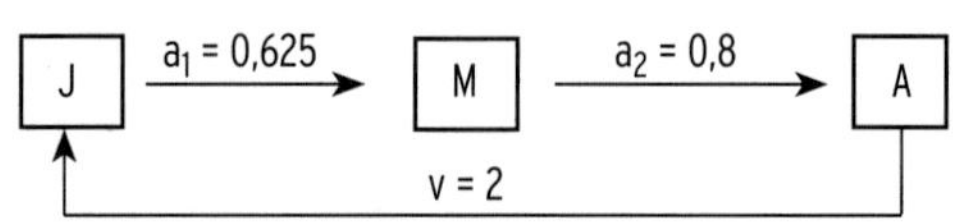

Populationsentwicklung für die ersten drei Zeitschritte

$A \cdot \vec{x}_0 = \begin{pmatrix} 0 & 0 & 2 \\ 0{,}625 & 0 & 0 \\ 0 & 0{,}8 & 0 \end{pmatrix} \cdot \vec{x}_0 = \begin{pmatrix} 50 \\ 25 \\ 16 \end{pmatrix} = \vec{x}_1$ Gesamtzahl: 91

$A \cdot \vec{x}_1 = \begin{pmatrix} 32 \\ 31{,}25 \\ 20 \end{pmatrix} = \vec{x}_2$ Gesamtzahl: 83,25

$A \cdot \vec{x}_2 = \begin{pmatrix} 40 \\ 20 \\ 25 \end{pmatrix} = \vec{x}_3 = \vec{x}_0$ Gesamtzahl: 85

Diese Entwicklung verläuft zyklisch, da nach 3 Zeitschritten die Anfangsverteilung erreicht wird, oder $a_1 \cdot a_2 \cdot v = 1$; $0{,}625 \cdot 0{,}8 \cdot 2 = 1$

Maximale Anzahl an Säugetieren: 91

Die 3 Anzahlen wiederholen sich.

b) k = 0,7 und damit $0{,}7 \cdot 0{,}8 \cdot 2 = 1{,}12$

Die Population wächst jetzt langfristig mit dem Faktor 1,12 innerhalb von 3 Zeitschritten

Population nach drei Zeitschritten: $1{,}12 \cdot \begin{pmatrix} 40 \\ 20 \\ 25 \end{pmatrix} = \begin{pmatrix} 44{,}8 \\ 22{,}4 \\ 28 \end{pmatrix}$

Population nach sechs Zeitschritten: $1{,}12 \cdot \begin{pmatrix} 44{,}8 \\ 22{,}4 \\ 28 \end{pmatrix} = \begin{pmatrix} 50{,}176 \\ 25{,}088 \\ 31{,}36 \end{pmatrix}$

c) Gesamtpopulation nach sechs Zeitschritten als Summe: 109,624

Da die Population zunimmt, müssen ab dem 7. Jahr Gegenmaßnahmen ergriffen werden.

7 Übergangsmatrix $A = \begin{pmatrix} 0 & 0 & 10 \\ 0{,}6 & 0 & 0 \\ 0 & \frac{1}{6} & 0 \end{pmatrix}$

veränderte Übergangsmatrix $A_{neu} = \begin{pmatrix} 0 & 0 & 10 \\ 0{,}6 & 0 & 0 \\ 0 & 0{,}18 & 0 \end{pmatrix}$

Steigerung um 8 %: $16\frac{2}{3}\,\% \cdot 1{,}08 = 18\,\%$

Lehrbuch Seite 35

8 a) Verkaufszahlen für den Monat

vor der Einführung der neuen Modelle: $\vec{x}_0 = \begin{pmatrix} 0{,}4 \\ 0{,}3 \\ 0{,}3 \end{pmatrix}$

(in Mio.)

b) Übergangsmatrix $A = \begin{pmatrix} 0{,}8 & 0{,}05 & 0{,}2 \\ 0{,}15 & 0{,}85 & 0{,}2 \\ 0{,}05 & 0{,}1 & 0{,}6 \end{pmatrix}$

Marktanteile nach Einführung der neuen Modelle: $\vec{x}_1 = A \begin{pmatrix} 0{,}4 \\ 0{,}3 \\ 0{,}3 \end{pmatrix} = \begin{pmatrix} 0{,}395 \\ 0{,}375 \\ 0{,}23 \end{pmatrix}$

c) $\vec{x} = \begin{pmatrix} 0{,}35 \\ 0{,}45 \\ 0{,}30 \end{pmatrix}$ kein Verteilungsvektor, da die Summe > 1, also auch kein Fixvektor

$\vec{y} = \begin{pmatrix} 0{,}50 \\ 0{,}30 \\ 0{,}20 \end{pmatrix}$; $A \cdot \begin{pmatrix} 0{,}50 \\ 0{,}30 \\ 0{,}20 \end{pmatrix} = \begin{pmatrix} 0{,}455 \\ \vdots \end{pmatrix}$ kein Fixvektor, da $0{,}5 \neq 0{,}455$

$\vec{z} = \begin{pmatrix} 0{,}30 \\ 0{,}53 \\ 0{,}17 \end{pmatrix}$; $A \cdot \begin{pmatrix} 0{,}30 \\ 0{,}53 \\ 0{,}17 \end{pmatrix} = \begin{pmatrix} 0{,}3005 \\ 0{,}5295 \\ 0{,}17 \end{pmatrix}$ Stationäre Verteilung

9 a) Übergangsmatrix: $A = \begin{pmatrix} 0{,}7 & 0{,}2 \\ 0{,}3 & 0{,}8 \end{pmatrix}$

b) Verkaufszahlen für Mittwoch:

$\begin{pmatrix} 0{,}7 & 0{,}2 \\ 0{,}3 & 0{,}8 \end{pmatrix} \begin{pmatrix} 40 \\ 35 \end{pmatrix} = \begin{pmatrix} 35 \\ 40 \end{pmatrix}$

Am Mittwoch werden 35 V- und 40 W-Zeitungen verkauft.

Verkaufszahlen für Montag

$\begin{pmatrix} 0{,}7 & 0{,}2 \\ 0{,}3 & 0{,}8 \end{pmatrix} \vec{x}_1 = \begin{pmatrix} 40 \\ 35 \end{pmatrix}$ mit der Lösung $\vec{x}_1 = \begin{pmatrix} 50 \\ 25 \end{pmatrix}$

Am Montag kauften 25 Kunden eine W- und 50 Kunden eine V-Zeitung.

c) Vermutung: Langfristige Verteilung 40 % V-Zeitung; 60 % W-Zeitung

Berechnung des Stabilitätsvektors:

$A\vec{x} = \vec{x}$ und $x_1 + x_2 = 1$ ergibt das LGS

$$\begin{aligned} 0{,}7x_1 + 0{,}2x_2 &= x_1 \\ 0{,}3x_1 + 0{,}8x_2 &= x_2 \\ x_1 + x_2 &= 1 \end{aligned}$$

Das LGS hat genau eine Lösung $x_1 = 0{,}4$; $x_2 = 0{,}6$.

Die Vermutung ist somit bestätigt.

Lehrbuch Seite 35

9 d) $A^* = \begin{pmatrix} 0{,}65 & 0{,}15 & 0{,}20 \\ 0{,}25 & 0{,}75 & 0{,}10 \\ 0{,}10 & 0{,}10 & 0{,}7 \end{pmatrix}$

10 % wechseln von V nach T, also gilt 0,10.

Es bleiben 65 % der V-Leser bei V.

10 % wechseln von W nach T, also gilt 0,10.

Es bleiben 75 % der W-Leser bei W.

Entwicklung am Tag nach der Einführung:

Anfangsverteilung $\vec{x}_0 = \begin{pmatrix} 0{,}4 \\ 0{,}6 \\ 0 \end{pmatrix}$

$A \begin{pmatrix} 0{,}4 \\ 0{,}6 \\ 0 \end{pmatrix} = \begin{pmatrix} 0{,}35 \\ 0{,}55 \\ 0{,}10 \end{pmatrix}$; $A \cdot \begin{pmatrix} 0{,}35 \\ 0{,}55 \\ 0{,}10 \end{pmatrix} = \begin{pmatrix} 0{,}33 \\ 0{,}51 \\ 0{,}16 \end{pmatrix}$

Die neue T-Zeitung kann ihren Marktanteil in 2 Tagen auf 16 % steigern.

Lösung des Tests, Lehrbuch Seite 36

1

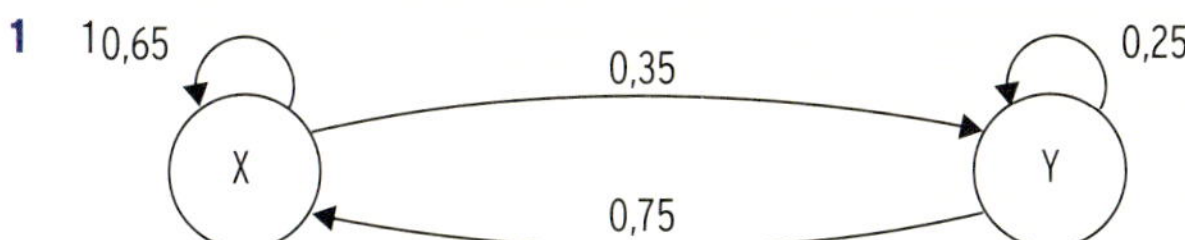

2 Übergangsgraph:

$\vec{x}_1 = A\vec{x}_0 = \begin{pmatrix} 88 \\ 84 \\ 208 \end{pmatrix}$

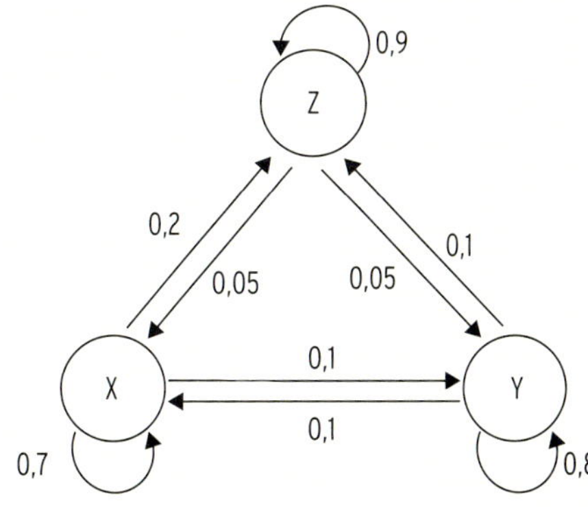

3

a) $A = \begin{pmatrix} 0,7 & 0,1 & 0 \\ 0,2 & 0,8 & 0,2 \\ 0,1 & 0,1 & 0,8 \end{pmatrix}$

b) 2. Zeile von A multipliziert mit 1. Spalte von A ergibt d:

$d = (0,2 \;\; 0,8 \;\; 0,2) \cdot \begin{pmatrix} 0,7 \\ 0,2 \\ 0,1 \end{pmatrix}$

$d = 0,14 + 0,16 + 0,02 = 0,32$

Die Wahrscheinlichkeit, dass ein Kunde von F seinen übernächsten Besuch bei N macht, beträgt 0,32.

4 $A = \begin{pmatrix} 0 & 0 & 8 \\ 0,5 & 0 & 0 \\ 0 & 0,25 & 0 \end{pmatrix}$

a) Übergangsgraph:
Überlebensraten 0,5 und 0,25
Vermehrungsrate: 8

E → ($a_1 = 0,5$) → L → ($a_2 = 0,25$) → I → ($v = 8$) → E

b) Bedingung: $A \cdot \vec{x} = \vec{x}$ und $x + y + z = 2600$
LGS: $8z = x \qquad 0,5x = y \qquad 0,25y = z$
Auflösung ergibt $x = 8z$; $y = 4z$ und z

Damit sind x und y Vielfache von z und der Lösungsvektor lautet $z\begin{pmatrix} 8 \\ 4 \\ 1 \end{pmatrix}$.
Altersverteilung bei 2600 Tieren: $8z + 4z + z = 13z$, also $z = 200$.

Verteilungsvektor: $\vec{x} = \begin{pmatrix} 1600 \\ 800 \\ 200 \end{pmatrix}$

Stichwortverzeichnis

Abbildungsverzeichnis